我有 猫 了

"猫狗双全"
=
"人生赢家"

安安宠医 编

上海文化出版社

图书在版编目（CIP）数据

我有猫了 / 安安宠医编. -- 上海：上海文化出版社, 2018.8

ISBN 978-7-5535-1269-3

Ⅰ. ①我… Ⅱ. ①安… Ⅲ. ①宠物 – 驯养 Ⅳ. ①S865.3

中国版本图书馆CIP数据核字(2018)第139992号

出　版　人：姜逸青
责任编辑：张　琦
装帧设计：王　伟

书　　名：我有猫了
作　　者：安安宠医
出　　版：上海世纪出版集团　上海文化出版社
地　　址：上海市绍兴路7号　200020
发　　行：上海文艺出版社发行中心
　　　　　上海绍兴路50号　200020　www.ewen.co
印　　刷：浙江海虹彩色印务有限公司
开　　本：710×1000　1/16
印　　张：8.5
印　　次：2018年9月第一版　2018年9月第一次印刷
国际书号：ISBN 978-7-5535-1269-3/ S.009
定　　价：48.00元
告 读 者：如发现本书有质量问题请与印刷厂质量科联系 T：0571-85099218

序

首先感谢你打开这本稚嫩的小书，这本书并不是能够包罗万象解你千愁的葵花宝典，而是来自于跟你一样喜欢小猫小狗，愿意为了让它们过得更开心一点而努力的人们。

"猫狗双全" = "人生赢家"，国际新标准嘛。

幸福快乐的生活就此开始了？至少在别人看来是的。

但初养猫的你可能正经历着这些苦难：

美滋滋地手捧小奶猫在各种平台炫耀完之后发现，一个星期在家里找不到猫（我真的带猫回家过？），但每天早上沙发上总能多一块尿渍（味道还挺特别）。几星期后，似乎慢慢与猫成为了点头之交；几个月后，家里的猫毛可以屯起来织一条毛裤，哇塞！今天又吐了耶……

在与猫漫长的磨合期结束后，终于到了热恋阶段。猫似乎是一种非常固执的动物，每天重复着一些动作、只吃爱吃的那几样东西，有那么几个它总也喜欢不起来的人。一旦它有了点异常行为，可真让我们摸不着头脑……这些人生中的全新挑战要怎么应对，你除了问度娘、问万圈、问贵群之外，有没有更好更稳妥的方法？

就像你看到的，这本书由一个新兴的中国连锁宠物医疗品牌安安宠医编写。在全中国几十座城市的几百家宠物诊所和医院里，我们每一天都会见到许许多多和你一样的毛孩子爹妈。有很多小朋友要来医院就诊的原因是它们的父母在日常生活中忽略了一些细节，或者是父母跟小朋友的沟通出了点小问题，所以不得不找到宠物医生来解决。

如今，毛孩子家长们对宠物健康知识和生活习性的了解大多数来自于朋友经验和网络信息，难免有不少错误。市面上虽然有很多养宠图书，但是总体来说，国外翻译的图书不能契合眼下的中国国情和宠主需要，而国内原创的又不够全面。有些图书生硬枯燥，读者很难吸收消化，毕竟如今中国宠物消费市场已经是 90 后的天下。

所以，我们萌发了一个想法，为新一代的宠物主人写一本"以用户为中心"的书。毕竟，"我有猫了""我有狗了"这是个能持续十多年的状态。在它走进你的生活之前，你就需要有所准备。谁不想马上和自己的猫"确认亲密关系"呢，而且这还是一段"稳定长期的关系"。

这本书可以说是真正的集体创作，从安安宠医的市场团队与上海文化出版社的编辑策划开始，到安安宠医市场团队与全国几十位院长、运营经理反复沟通交流、修改文稿，其间还有多家行业内领先的公司给予我们宠物营养学、行为学、用品科学比较等诸多方面的建议和意见，帮助我们从年轻宠主的需求出发，解决实际问题。在这里，向他们表示深深的感谢。

从这本书开始，我们一起为了它们好好努力吧！

目录

谜一般的宠物

猫的性格特征

独立 —— 你的猫根本不需要你。

"无论你贫穷还是富裕，你的狗都会不离不弃，始终如一。而你的猫，一样都会看不起你。"

猫总是一副满不在乎的神情，满脸严肃，好像在它的世界里有你没你都一样。

它在自己的活动范围内喜欢单独行动，它不会很依赖你，它不会听话，甚至你叫唤它的名字它都不会有所反应。而你，却还是厚着脸想"吸"。

但它们有时也会与你很亲密，在它们愿意的时候。

猫与我们保持着一种亲密但又有一定距离的关系——陪伴又不会过分打扰。

	养猫的人	养狗的人
当你回到家	到处找猫	被狗狗热情迎接
当你发出指令的时候	基本得不到任何回应	你说啥就是啥
周末	宅在家里干啥都行	带着狗狗出去找小伙伴玩
当你表示友好的时候	撸猫啊不要停	"别这么激动！""好好的，我也爱你！"
当你在家的时候	拥有自己个人的时间	人在哪里狗在哪里
当它做了坏事的时候	包容它、原谅它啊，还能怎么样	先教训一顿再说，看你以后还敢不敢
当它想玩耍的时候	扔个纸团子自己去玩吧	好吧，带你出去玩吧
当它吃饭的时候	笃定地看它慢慢吃	"喂喂！你能不能别吃这么快！"
当它上厕所的时候	"给我看看嘛，拉成什么样啦？"	"你能不能快点？""到底什么时候拉！"
当它出去溜达的时候	"好了我放弃，我们还是回家！"	"快回家了！还野什么野！"

　　所以，养猫的人和养狗的人性格上有很明显的差别，大致总结如上，看看你有没有"中枪"哦。

　　当然，我们也不排除有一小部分掉了节操的猫会整天黏着你。如果你养到了这样的猫，恭喜你，拥有了一只"别人家的猫"。

猫猫的年龄认知

猫年龄	体重:0-9KG
	人类年龄
1	7
2	13
3	20
4	26
5	33
6	40
7	44
8	48
9	52
10	56
11	60
12	64
13	68
14	72
15	76
16	80
17	84
18	88
19	92
20	96
21	100
22	101
23	108
24	112
25	116

幼年　成年
老年　更老

养猫，你准备好了吗？

猫看起来高冷傲娇，但是它们会给家里带来很多困扰。

 绒毛漫天飞：它们一年四季都掉毛，如果你养了一只白猫，基本就是与黑衣服告别了。如果你养了一只黑猫，那么……它们的毛会出现在任何它们经过的地方。所以，及时打扫很重要，猫的绒毛很细，吸入后对呼吸系统有一定的影响。

家具破坏狂：自古以猎食为生的猫科动物都有磨爪的习惯，它们要让爪子保持锋利，时刻保持作战状态。它们会在同一个地方反复磨爪，因为那里已经"标记"下了它们的气味。而皮质、布艺类的家具是它们的最爱。

　　📎 出乎意料的行为：在初养猫的人看来，猫咪的很多行为都是难以理解的。比如：突然想要出逃，对窗外的某些事物很感兴趣，甚至会跳楼去追逐；过度活跃，总是寻找房间的制高点，以"上帝视角"俯视人类；啃食花草……什么？它居然还喜欢吃草？所以，为了避免这些隐性危险的发生，家里的布局也需要有所调整。

　　📎 每只猫都是独特的个体：虽然猫大都独立、精致，但也有很大的个体差异，每只猫都有自己独有的性格。它们也许很黏人，也许很高冷，有些很胆小，有些自来熟。我们需要在与它们的相处过程中慢慢了解，多一点耐心、多一点爱心，它们将会成为我们最好的陪伴。

≫ 养猫需要的费用

猫咪来到家里，不仅仅是陪伴，也是一项开支，我们需要像家人一样照顾它们一生。那么我们了解一下养猫需要的花费哦，主要可以归为以下几类：

▲ 吃：保证它一整天的能量和水分补充。除了这些，每只猫咪的体质不同，比如有的肠胃比较弱，有的经常感染皮肤病，这些在我们把它们带回家的时候是很难观察到的，需要我们慢慢关心它们，了解它们。为了猫咪的成长，还需要根据情况适当给它补充营养品调节体质。

▲ 用：给它提供上厕所的工具，猫砂是日常消耗品；根据猫咪的喜好为它们选择不同设计的吃饭工具、喝水工具。

▲ 住：给它提供一个舒适的独立空间，它和我们一样，每个季节对"卧室"的要求都不一样哦，如果不是和我们一直睡在一起的话，那么还需要给它准备四季的窝了。

▲ 玩：它不像狗，需要每天出门溜达，但它同样需要运动来适应它天生捕猎者的身份，那么买些玩具陪它玩吧，还能增进感情。

▲ 护理：养猫不单单是喂食这么简单，它会掉毛、耳朵会脏、指甲会长，因为大部分的猫都没法带出家门，所以这些日常工作都需要我们自己来做，相应的工具也是必不可少的。

▲ 保健：为了保证它的健康，我们每年都需要给它注射疫苗并进行体检，每个月都需要体内外驱虫。为了它的生存质量更高，我们建议还要给猫做绝育、洁牙。这些只是最基础的保健，我们还要做好"它会

生病"的心理准备：它没有医保，也无法诉说自己的病情，如果它病了，医生需要靠各项检查来确诊，才能避免误诊，所以医疗也是一笔不小的费用。

▲ 其他：现在市场上猫的衍生产品有很多，服装、饰品等，可以根据自己家猫的脾气购买。好吧，其实大部分主人买了衍生品只是为了满足自己的童心。

以上是对猫咪花费的简单介绍，下面会详细介绍我们适合买怎样的产品哦。

有以下情况的还请你慎重养猫哦：

▲ 家人还不能完全接受。

▲ 有比较严重的鼻敏感和毛发过敏。

▲ 没有足够的经济能力可以负担它的生老病死。

▲ 组织了新的家庭之后不能说服对方一起养猫。

▲ 有怀孕的打算，不确定是否还能继续接受自己的猫。

▲ 居住环境不具备封窗条件。

带它进家门虽然容易，但在它将来十几二十年的生命里，你就是它的依靠了哦。

怎样挑选一只健康的猫？

■ 首先，我们来认识一下猫咪的种类：

▲ 中华田园猫：就是我们经常在草丛中看到的小野猫模样了。它们没有"血统"的束缚，天生在野外奔走，后来人们把它们领回了家中。这些猫咪活泼爱动，有顽强的生命力，与人相处久了也会非常亲人。

▲ 美国短毛猫：是原产于美国的一种猫咪，通常有各种毛色的虎纹，身体健硕。它们聪明活泼又温顺，也是爱吃的大胃王，被毛浓密。它们原本是工作猫，喜好猎捕，家养之后很容易缺乏运动量而导致发胖。肥胖的美国短毛猫很容易出现健康问题，所以我们要根据粮食种类按量给食，并多陪它们玩耍使它们保持健康的体型。

▲ 英国短毛猫：这是一种非常古老的猫品种。它们体型圆胖，特别是脸，头大脸圆，且非常温顺友善。因为它们经常与主人相伴，所以当你坐着的时候它会一直陪在你身边，缺少运动，记得要多陪它玩耍哦。英短胖胖的脸、宽宽的嘴巴，在吃饭的时候会大口大口吞食，这样很容易产生牙结石，要多注意牙齿的保养。另外英国短毛猫也容易有心血管类的遗传疾病，但在幼猫时期不容易发现，所以要记得每年给它做体检提前预防。

▲ 苏格兰折耳猫：它们耳朵的前屈最初由基因突变导致，因为受欢迎开始被繁殖。它们一般体型浑圆，脚掌较大。它们拥有平和温柔的性格。但有一点必须指出，折耳猫因基因问题，有很大可能患有骨骼疾病，它们时常用坐立的姿势来缓解痛苦；呼吸系统疾病及心脏病也是它们的常见疾病。折耳猫并不好养，它们可能会早早地离开，所以养育前请慎重考虑。

▲ 布偶猫：源自美国。丝绸般柔软松弛的毛发，蓝色明亮的眼睛，使它们无论男孩还是女孩看起来都很有仙气。布偶猫的体型很大，但异常温柔，它们发育比较慢，2 岁左右毛色才能稳定下来，到了 4 岁才完全发育成熟。布偶猫的心脏和关节都容易产生负担，也需要帮它们把饮食控制好哦。

▲ 加菲猫（异国短毛猫）：加菲猫有着浓密的被毛，圆滚滚的身体、短短的腿，像极了一个毛球，最典型的是有一张像被踩过一样的扁扁的脸，鼻子呈凹陷状，这让它们看起来很无辜。它们文静、亲切，和人非常亲近。加菲猫生来鼻泪管短，短而扁塌的鼻子很容易使泪管堵塞，所以我们会看到加菲猫一直在流泪。因此要经常给它们的眼睛做清理。

▲ 暹罗猫：暹罗猫也是短毛猫的典型品种。它们身材苗条且肌肉发达，脸部、四肢和尾部的毛色更深，这个特点让它们看起来像"挖煤的"。这种特点称作"重点色"，它们的毛色会根据温度的变化而变化。当它觉得温度低的时候，毛色会加深，反之则变浅，所以通常在冬天和夏天毛色会有较大的变化。它们非常好动活泼，好奇心强，很亲近人，热衷于与主人"对话"，渴望得到主人的陪伴。它们性成熟较早，大概 5 个月的时候就成熟了，发情频率高，且很高产。频繁发情对猫的健康有很大的影响，为了它们的健康，建议尽早做绝育。

▲ 金吉拉猫：金吉拉原产英国，是最早被人工繁育出来的品种。毛发厚重又非常柔滑，聪明敏捷有好奇心却不怎么好动，举止优雅高贵。它们的毛发需要每天进行梳理，掉毛的量也是非常惊人的。

▲ 斯芬克斯猫（加拿大无毛猫）：这是养猫爱好者特地为猫毛过敏者培育的。除了在耳、口、鼻、尾前段、脚等部位有些又薄又软的胎毛外，身体其他部分均无毛。脸呈正三角形，耳廓硕大、直立，皮肤多皱而有弹性。虽然外形奇特像外星人，但它们秉承了猫的特点 —— 性格温顺又独立，没有攻击性，可以与其他猫狗愉快相处。

◼ 我们要如何选择猫的品种呢？

我们还是建议领养而非购买猫咪，待领养的猫咪以中华田园猫居多，它们原本流浪或被家人弃养，过着颠沛流离的生活，随后爱心人士通过救助、治愈、预防等环节让它们恢复到健康的状态，而且中华田园猫比其他品种的猫更容易饲养，适应能力更强。

当然，如果有缘，我们也可以在路边偶遇喜欢的小猫带回家。

◼ 怎样的小猫才是健康的？

小猫在出生后 2 个月左右断奶，这个时候它们可以离开妈妈被人照顾。初次养猫，你一定希望带回家一只健康的宝宝，无论是从哪个渠道得来的小猫，首先需要确认这是不是一只健康的猫。

▲ 行动：小猫有很强的活力，健康的小猫逗它玩的时候会很快有互动。

▲ 进食：断奶后的小猫会开始尝试着吃一些奶糕和干粮，而且很有食欲哦。

▲ 体表：健康的小猫身体是肉肉的，毛发干净而蓬松、耳朵干净、眼睛明亮眼屎眼泪少、鼻子湿润、口腔的口水少。

▲ 大小便：可以自主排出大小便，大便形态良好。

我们建议所有的小猫在出生 6~8 周后到医院做免疫、驱虫、体检，确保它们的健康，即使有一些小问题也可以得到及时治疗。

最重要的是，任何生物都有生老病死过程，我们把它带回了家，就需要把我们原本生活中的一部分空间、时间和金钱匀给它们。当然，它们能带给我们的不仅仅是快乐。

恭喜你有猫了！

恭喜你有"主子"了，每天伺候着铲屎、喂食、玩耍……
时而可以享受软绵绵的毛球，时而找不到它的身影，但它一定是你最好的伴侣。
猫生赢家，人生赢家！

初来乍到

怎么给猫打造一个家?

　　大部分的猫面对陌生的环境会焦虑,等它适应了新的环境后会开始不断探索。

　　产生焦虑的猫一般会有以下反应:

　　▲ 马上想找一个地方躲起来,并在主人接近后发出"呦呦"的吼声。

　　▲ 关在笼子里的话会不断叫唤。

　　▲ 没有笼子的会躲在一个封闭的角落,不管白天夜晚都不出来。

　　有些猫咪胆子特别小,几天都在角落里不吃不喝,这样就需要带它去看看医生了,因为猫咪长期脱水、处于应激状态的话,会对它们的各项身体指标有极大的影响。

　　那么在猫咪到来之前,为了减少它的不适应感,我们要如何为它准备一个安心的环境呢?

　　无论是笼养还是"放养",我们都可以为猫准备一个适合它们的生活环境。

■ 第一次进家门

▲ 一个 "藏身之处"

首先，猫去到一个新环境时，第一件事可能就是把自己"藏起来"以缓解压力，等它确认周围安全后才会开始探索。那么我们可以给猫准备一个箱子和一些柔软的垫子，让它们可以躲得舒坦一些。

▲ 一个封闭的活动空间

建议给小猫买一个笼子，让它们先熟悉家里的味道，这样既不会让它们跑丢，也不会因为它们乱跑而发生危险。

▲ 一套吃喝拉撒的工具

小猫最初的需求很简单，但需要满足它基本的生理需求，在小猫最初的活动范围内摆放粮食、水、猫砂盆是最最基本的哦。

TIPS：猫咪的基本购物清单

	品种	优点	缺点
箱子	航空箱	易于放猫	价格偏高
	可折叠猫包	易于收纳	猫在包里情绪相对不稳定
	猫背包	携带外出方便	有中暑风险
水盆及食盆	不锈钢盆	安全	不够美观
	陶瓷盆	易清洗	易碎
	塑料盆	轻便	易产生异味
	自动饮食／水机	可控制量	价格偏高
猫厕所	敞开式	猫咪方便，上厕所空间大	容易带出很多猫砂
	封闭式	防止猫砂撒出来	胆小的猫咪不喜欢
	全自动厕所	干净，可自己清理	价格高，猫不一定会用
猫砂	膨润土	结团好，符合猫的如厕需求	容易撒出，基本不除臭
	植物猫砂（豆腐砂／玉米砂）	粉尘小，无毒，安全	结团较差，基本不除臭
	松木猫砂	味道太刺激，猫不喜欢	能盖掉猫上厕所的臭味
	水晶猫砂	清理简单，只需铲屎无需铲尿，耐用	除臭能力差
毛发清理	毛梳子	可梳掉猫绒毛，疏通毛发	各品种价格差异大，可多做试用
	手套	可撸下来浮毛，顺带按摩作用	猫咪内层的绒毛无法梳理
	硅胶毛刷	可梳掉浮毛，猫也比较享受	猫毛飞得比较厉害

现如今猫用品市场产品推陈出新，漂亮的、好玩的……最重要的是要挑选最适合自己家猫的。

每只猫其实也有自己的"爱好"和"怪癖"，我们买用品的时候还是要多考虑它们的感受哦。

　　▨ 长期生活环境

　　▲ 干净的"餐厅"

　　猫是非常爱干净的物种，隔夜的粮食、脏脏的水可能对它们来说已经不对胃口了，而且干净的环境和饮食对它们的健康也非常有利。

　　▲ 远离餐厅的"厕所"

　　猫的粪便和尿液都有比较重的气味，并且可能带有细菌，将它们的厕所搬离它们饮食的地方，是对它们健康最好的帮助。

　　而厕所也最好能安置在通风的地方，相信你也一定不想体验这种"化学武器"。

　　▲ 温暖舒适的卧室

　　猫咪喜阳，我们常说，有阳光的地方就会长出猫来。给它们一个时常可以晒晒太阳、安静、柔软的地方休息，它们一定可以睡个昏天黑地。

　　▲ 登高望远的领地

　　猫是高地占领控，喜欢占据房间的制高点俯瞰周围的一切，给它们一个可以上蹿下跳而又比较安全的空间玩耍，可以避免它们在登高时发生意外哦。猫爬架之类的辅助工具也是可取的。

》安全的居家环境

▲ 安全的窗户和门：

有些猫咪向往自由，它们对外面的世界充满向往，一片掉落的树叶、一只叽叽喳喳的小鸟都会引起它们强烈的好奇心。

尤其在发情的时候，它们会想要出逃。"猫有九条命""猫从越高的地方跳落越不会受伤"只是我们美好的幻想，请千万不要去尝试。出逃的猫咪很难找回来，因为它会非常害怕地躲起来，即使听到了我们的呼喊声，也不敢出来。家养的猫咪无法适应户外生活，不知道如何寻找食物、如何与其他猫争抢食物，从此将面临惨淡的"猫生"。所以，高层住户需要注意开窗开门的时间，并且安装纱窗，避免猫咪探索时发生意外。

▲ 隐蔽的电源：

猫对电源线有着谜之喜好，经常喜欢拨弄着玩，要非常小心避免它们触电哦。

▲ 安全的植物：

猫虽然是肉食动物，但它需要定期清理肠胃，市面上有很多猫草、猫薄荷等植物就是用来帮助消化的。而猫在本能的驱使下，会想去啃食一些草，但是有一些植物对于猫来说是相当危险的。滴水观音、绿萝、吊兰等对猫咪来说都是致命的，百合、菊花、郁金香等也会造成猫咪的部分器官损伤，引发一系列异常，对它们的身体也非常不利。家里种花的朋友可要注意避开这些植物哦，可以多种一些猫草、猫薄荷，让它"发疯"。

▲ 安全的脖圈：

看起来萌萌的脖圈对猫咪来说可能是致命的。系紧的脖圈若是被挂到了什么地方，它一定会想要极力挣脱，但脖圈会越勒越紧产生危险。如果要用脖圈，建议购买可以自动脱落的。

▲ 猫咪不需要铃铛：

铃铛是不能给猫咪用的，猫的听力相当敏感，我们不能用人听力的辨识程度来判断猫咪，在我们听来清脆的铃声，对于猫咪来说已经是极度危险的声响了，佩戴时间长会对猫耳膜和听力有极大的危害。

准备必要的工具

养猫相对于养狗会轻松许多，但由于猫并不经常出门，很多护理需要我们自己在家完成，因此一些养猫工具变得必不可少了。

我们可以为猫准备一个专门的工具箱，因为零零碎碎的东西可能会比较多。

基础用品

▲ 食盆、水碗：需要经常清洗，可以将碗稍微加高，让猫饮食的时候不用因为脊柱弯曲而承受很大的压力。

▲ 厕所、猫砂、屎铲：猫一般会在家里解决大小便的问题，它们喜欢把自己的屎尿埋起来，所以这个"三件套"是必不可少的。把厕所放在比较通风的位置，每天1~2次铲屎，这样可以保证家里的味道"清新"，而且猫会比较"嫌弃"不干净的厕所哦。

▲ 猫窝或者垫子：猫喜欢窝在柔软、封闭的地方，当然这会因为猫性格的差异有些不同，但一个供给它们休息的地方是必要的。有时候你会发现，别的猫用的窝特别可爱，而你家猫根本不会"临幸"。

▲ 猫包或者托运箱：如果我们要带猫外出"面基"或是旅行，或者去医院打疫苗、驱虫，一个透气又比较幽闭的包是你最好的帮手。很少外出的猫一旦到室外，就会出现非常紧张的情绪，所谓"窝里横"形容它们是最合适不过的了。幽闭的猫包可以让猫减缓紧张的情绪，带出门更方便。

▲ 猫抓板：平时我们看起来简简单单最廉价不过的纸板，对猫来说有着无穷的吸引力，它们可以减少猫对家具的破坏，代替家具满足猫咪磨爪的需要。

清洁用品

▲ 梳子：给猫梳毛是对猫日常照料中很重要的一项，它可以缓解猫毛满天飞的惨状，在换季的时候帮助猫完成脱毛，一些细毛可以通过梳子解决，为它们减轻负担。猫喜欢通过舔毛来清洁自己，经常梳理毛发可以避免它们在舔毛的过程中吞食过多的毛，减少它们因毛球呕吐的几率。

▲ 指甲钳：为猫剪指甲可以说是一件很头痛的事情，它们通常不会配合你。但不给猫剪指甲，可能会更痛苦，这种痛是真实的"切肤之痛"。猫的爪子很锋利，有倒钩，它们在与你玩耍、发嗲的时候经常会控制不住伸出爪子勾到你。

▲ 牙刷：现在很多养猫的家庭还没有开始注意到牙齿清洁的重要性，猫到了中老年的时候往往会出现牙结石、牙龈炎甚至掉牙、口炎的情况。这些对猫来说非常痛苦，对进食的影响非常之大。所以从小培养猫咪刷牙的习惯，会起到很好的预防作用。

如何陪猫猫玩耍？

猫虽然很会自娱自乐，但想与猫建立良好的关系，也需要和它们经常做互动哦。

当然对于那些不怎么喜欢运动、超重的猫咪，我们也可以通过这些方式增加它们的活动量，猫的健康才是重中之重。

» 为它们准备玩具：毛线球、逗猫棒、激光笔等。猫对于会自己移动的、线形的物体有特别的喜好，我们可以准备一些玩具，每天抽出一点时间逗乐它们。它们会觉得与你互动是非常有趣的事情，可以有效提升你们的"亲子关系"。

» 看它们的心情行事：请在猫清醒、想要与你玩的时候陪伴它们，吵醒一只熟睡中的猫可能后果很严重。当然，一只没心情与你玩的猫，它是真的不会理你。

猫的基本作息

　　猫每天平均要睡 16 个小时以上，幼猫和老年猫时间更长。猫非常容易惊醒，在这 16 小时中，只有 30%的时间是熟睡状态。

　　猫是夜行动物，它们白天睡觉，晚上起来闹腾，当然我们也可以用一些方法改变它们的作息，后面会讲到。

科学喂养

营养学：猫咪的饮食构成

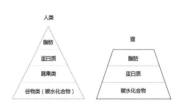

　　猫咪是完全的肉食性动物，但它们和人一样，都需要三大营养要素：碳水化合物、蛋白质和脂肪。19周龄前它们对蛋白质的消化率不高，特别是植物蛋白质，对淀粉消化率不高，对其他营养物质不能完全消化吸收。所以猫咪无法从植物中获得它们所需要的营养，不需要给它们吃人类的食物（米饭之类，一些含有蛋白质的肉食类可以喂养，但不能添加盐分），否则它们可能会营养摄取不足哦！

幼猫如何喂养?

　　不要以为小猫吃不了多少东西，其实它们跟小孩一样活力充沛，消耗很大，所以需要更多的能量才能快快长大哦。幼猫对蛋白质、碳水化合物的消化能力完善先于脂肪，之后消化碳水化合物能力下降。

　　幼猫出生后，天性使然，寻找母亲，吮吸初乳。初乳是由乳腺分泌的一种特殊的乳汁，其中含有母源抗体，保护幼猫免受疾病侵袭，所以建议大家在幼猫断奶后再将小猫带回。

▨ 幼猫在成长过程中有以下几个阶段

▲ 出生：吮吸母乳（尽早饲喂母乳，母乳中含有母源抗体；如无母乳，可用商业幼犬幼猫奶粉替代）。

▲ 离乳期（舔食）：舔舐糊状 / 粥状食物（建议饲喂专业幼猫配方主食罐头，不要选用市场上较为常见的零食罐头。给幼猫长期饲喂零食罐头可能导致营养不均衡，引发重大健康问题。罐头适口性较好，其中蛋白质、脂质消化率高）。

▲ 二月龄以上：咀嚼（建议饲喂罐头 + 干粮，帮助顺利渡过离乳期，此时可以加入离乳期奶糕）。

▨ 关于换粮

猫咪在换粮时容易有"应激"反应：出现拉软便、拒食、呕吐的现象，或者突然食量加大。遇到以上情况，家长们不要慌张，逐渐增加新粮加入以前粮食的比例，不要突然进行换粮。一般应激反应会持续 7 天至 10 天，具体视不同宠物的体质决定。过了应激期，症状自然会消失。如果超过一个月还不能适应，必须考虑换别的粮。

那么幼猫到底要吃多少呢？一般买来的奶糕、罐头、粮食包装上都会写明，不同品牌的粮食针对不同重量的猫咪都会有不同建议，为了确保猫咪的营养，记得要对照上面的说明使用哦！

如何看待营养补充剂?

钙：建议适量补充。钙是哺乳动物体内含量最高的矿物质，99% 集中在骨骼和牙齿中，很难通过熟肉获得，在生长发育期钙的需求量最大，如食物含钙量不足，则会导致骨骼变薄，易弯曲，易骨折。当钙磷比合适时（1~1.2∶1），幼猫对钙的需要量为一天 200–400mg。常见产品有牛乳钙片、碳酸钙粉、骨粉、液体钙等。其中需要注意的是，饲喂恰当正规商品粮的话，钙含量应该可以满足，额外补钙也不宜过量，防止钙磷比混乱。

深海鱼油：可以饲喂适量。喂鱼油的目的主要是补充 n-3 系脂肪酸、OMEGA-3、ω-3、Ω-3 和欧米茄 3 说的都是它们，n-3 系脂肪酸包括 α-亚麻酸（ALA）、二十碳五烯酸（EPA）和二十二碳六烯酸（DHA），缺乏 n-3 会易发炎症（比如黑下巴），食用高脂海鱼或鱼油可以抑制促炎症因子的合成。

复合维生素 B：建议适量补充。复合 VB 片通常包含 B_1、B_2、B_3（烟酰胺）、B_5（泛酸）、B_6，B 族维生素是水溶性维生素，跟脂溶性维生素不同，体内无法储存，多余的会随尿液排出，所以通常无毒性，使用剂量也比较随意，最好是少量多次服用，如果当天有喂鸭肉就可以不喂 VB。

牛磺酸：建议适量补充。牛磺酸虽不参与蛋白质合成，但它是猫的必需氨基酸，长期缺乏会导致失明，对大脑、听力、心脏、免疫系统等都会造成严重影响，并且会导致孕猫流产，降低幼崽存活率或先天畸形，比如脑积水和无脑畸形。猫自身不能合成牛磺酸，因此需要从食物中补充。

益生菌：建议适量补充。益生菌是什么？简单来讲，它是通过促进有益菌的生长而对宿主产生有益健康的微生物。它是活的！肠内菌群分为有益菌、有害菌和介于两者之间的中性菌，当有益菌占优势时，才能抑制有害菌的增殖，就能维持健康，当有害菌占优势时，常见的影响是腹泻。

营养膏：可以饲喂适量。营养膏并不营养，它是个高糖高脂产品，主要成分是脂肪，应该叫能量膏，只适合用于生病或术后食欲差的猫补充能量，可以理解为"豪华版葡萄糖"。

赖氨酸：可以饲喂适量。赖氨酸是构成蛋白质的一种氨基酸，早年被认为可以对抗疱疹病毒，但这种说法非常过时，实际只对早期眼部分泌物有些许缓解作用。单独补充某种氨基酸，从营养学的角度来看也是一种浪费，同种类型的氨基酸会在小肠竞争同一个吸收点位，单独摄入某种氨基酸反而影响蛋白质合成，但猫似乎对赖氨酸和精氨酸的拮抗不敏感。

化毛膏：建议喂干粮的饲主购买。油腻腻的化毛膏，它的作用是用油脂辅助排出毛球，但吃生骨肉和熟肉的猫，肠胃蠕动正常是不会积攒毛球的，毛发都可以正常排出，每月呕吐 1 次也在可接受范围，化毛膏里的植物成分反而加重肠胃负担。但吃干粮的猫，长期消化着本不该摄入的各种糖类、植物蛋白和植物油，可能处于一种慢性肠胃炎的状态，也许会需要化毛膏的帮助。

猫草：可以饲喂适量。任何猫能吃的植物都可以叫猫草，但猫吃植物并不是因为营养需要，生活在野外的猫由于会吞噬一些猎物毛发，所以会吃植物进行催吐，这一习性一直保留了下来，对于猫来说，植物只是催吐剂，能从中获取的营养非常有限。

多酶片：可以不用补充。猫有相对较小的结肠和功能性盲肠的缺乏，不能彻底利用膳食纤维，膳食纤维的快速发酵，导致小肠细菌过度生长或增加细胞内的黏性，并阻碍胰腺酶的产生和胆酸的作用，引起蛋白质和脂类消化率下降，还拖慢消化速度，延长胃排空时间。

维生素E：建议适量补充。维生素E是一种脂溶性维生素，是生育酚类化合物的总称，目前已知四种生育酚和四种生育三烯酚，其中 α - 生育酚的生物活性最高，我们说的 VE 通常就是指 α - 生育酚，主要储存在脂肪中，它对热和酸稳定，对碱不稳定，对氧十分敏感，蒸煮加热对 VE 的损失很小，过量摄入有轻微毒性。缺乏症状有脂肪炎、心肌炎、骨骼肌炎等。猫粮中的 VE 损失率非常高，我们常喂的禽类和猪牛羊中 VE 含量也少得可怜，羊肝不错却不常见，雪花牛肉勉强能及格，但如果不吃海鱼，不额外补充可能也不会发生问题。

牛奶：不建议购买。跟有些人喝了牛奶会拉肚子一样，猫咪也有乳糖不耐的问题哦，特别是小猫，如果喝了牛奶，消化不了牛奶中的乳糖，引起的拉肚子会有比较严重的后果。大部分喝不了母乳的小猫可以用羊奶代替。

酸奶：可以饲喂适量。不能喝牛奶为什么可以吃酸奶呢？酸奶制作发酵过程中，乳糖可被乳酸杆菌转化为乳酸，减轻乳糖不耐问题，所以猫咪可以适量喝酸奶。

如何看待猫零食？

为了逗猫开心，吸引它们的注意，引诱性的小零食层出不穷。猫咪看起来很喜欢，也经常讨零食吃，那么这些零食到底该不该多给它们吃呢？

作为加餐时

大部分家养猫咪的两餐之间间隔较长，因此，零食在一定程度上可以满足它们对于能量的需求，也是正餐的补充，这样可以让猫的饮食营养更加全面。其次，零食可以让猫猫放松下来、心情愉快。

从性质上讲，吃零食行为与抚摸行为的机制是相同的。吃零食的目的并不仅仅在于填饱肚子，还在于对紧张情绪的舒缓和内心冲突的消除。当食物与嘴部皮肤接触时，一方面它能够通过皮肤神经将感觉信息传递到大脑中枢，从而产生一种慰藉，通过与外界物体的接触而消除孤独感；另一方面，当嘴部接触食物并做咀嚼和吞咽动作的时候，可以使紧张和焦虑的注意力转移，紧张兴奋的情绪得到抑制，最终使身心得以放松。

猫零食的种类

各类维生素和矿物质对于猫咪的健康有着不可忽视的作用，大多数零食厂商也会在产品中针对性地添加一些营养成分来满足猫咪的营养需求。但是大多数宠物家长，可能对此不太了解，所以特别为大家整理出了常见的零食及功用，帮助大家选择合适的零食来供养自家主子。

肉类零食

猫咪是肉食性动物，所以目前市面上的猫零食有很大一部分都是肉类零食。猫咪的身体只能将蛋白质和脂肪转化成生存和身体活动所需要的能量，将碳水化合物转化成能量的效率较低。所以猫比人需要更多的优质蛋白质、脂肪，而肉类零食可以做为主餐的补充，帮助猫咪摄入充足的蛋白质和脂肪。目前在市面上看到的肉类零食主要包括肉干、肉条、肉丝、切片、颗粒、冻干和火腿肠等，所选材料主要是鸡肉、牛肉、鸭肉和深海鱼类。

▲ 鸡肉类：

鸡肉是优质的蛋白质来源，有助于提高猫咪免疫力、增强抗病能力、提高康复能力、增强病后愈合能力、促进生长发育、提高猫咪的整体身体素质。同时鸡肉不但脂肪含量较低，且所含的脂肪多为不饱和脂肪酸，不易发胖，不易上火，但是鸡肉中丰富的蛋白质会加重肾脏的负担，所以肾脏不好的猫咪不宜多食。

▲ 牛肉类：

牛肉含维生素 B_6、肌氨酸是所有肉类中最高的，丰富的肉毒碱加速脂肪代谢，让猫体型更完美，肌肉线条更结实；丰富的蛋白质和肉含钾，刺激肌肉生长。牛肉含锌、镁，锌是另外一种有助于合成蛋白质、促进肌肉生长的抗氧化剂；锌与谷氨酸盐、维生素 B_6 共同作用，能增强免疫力；镁则支持蛋白质的合成、增强肌肉力量，更重要的是可提高胰岛素合成代谢的效率。

▲ 鸭肉类：

鸭肉中含有丰富的蛋白质，而且消化率高，极易被吸收；鸭肉中所含 B 族维生素和维生素 E 较其他肉类多，能有效抵制皮肤病和炎症。肉中蛋白质约为

16%~25%；鸭肉中的脂肪适中，约为7.5%，比猪肉低，脂肪酸中含有不饱和脂肪酸和短链饱和脂肪酸，融点低，消化吸收率比较高；肉中含有较为丰富的烟酸，它是构成基体组织重要辅酶的成分之一，对心脏有很好的保护作用。

▲ 深海鱼类：

深海鱼类含 OMEGA-3 和 OMEGA-6，可以提供皮毛健康所必需的脂肪酸，可以维护猫咪皮肤的弹性和毛发的健康。此外，深海鱼富含丰富的蛋白质、多不饱和脂肪酸、矿物质以及维生素等，可以降低猫咪患心脏病的风险，降低胆固醇，促进猫咪的视力健全和智能发展。

猫罐头

不是所有的罐头都是零食。猫罐头分成主粮罐头和辅食罐头。它们的区别在于主粮罐头的蛋白质含量很高，营养配比丰富，同时可以增加猫的饮水量，并满足猫一整天的供给。主食罐头一般是肉泥状的，适口性不是很好，有些猫咪不一定会喜欢。而辅食罐头里面一般是大块的肉或者鱼，也有一些添加剂，让猫一闻到就非常激动想吃，但不能给猫咪长期喂食辅食罐头，会造成营养不均衡，对身体也有一定的影响，也不能在食用干粮的同时多吃，会导致猫咪挑食。按照分量，罐头一般分为 40~50g/ 个、70g/ 个、150g/ 个，一只猫的量大致在 40~70g，因为罐头打开后极易腐败变质，如果你的猫没有很大的胃口，可以买 40~70g 的罐头。如果买了 150g 的罐头没有吃完，可以用保鲜膜盖起来放在冰箱，等下一次吃的时候记得加热一下哦。但拆开的罐头也不能在冰箱放太久，要尽快吃掉。有一些多汁的罐头则更适合幼猫和老年猫食用。

猫薄荷

猫薄荷是荆芥属的一类植物，它能刺激猫咪的费洛蒙感受器，让猫产生一些愉悦的行为。大多数情况下猫咪在食用猫薄荷后会表现出非常兴奋的状态，可以提升猫咪的运动量，预防肥胖。此外，猫薄荷的植物成分还能促进食物的吸收，帮助消化和调理肠胃健康、舒缓轻微的肠胃不适。猫薄荷现在经常会被放在猫玩具或者猫零食内，用来吸引猫咪的注意。猫咪"吸食"了猫薄荷后可能会出现异常激动或者疯癫的景象，不过大家可以放心，对它们的身体没有坏处，但也不建议过量食用。

猫饼干

猫饼干是人们针对猫的营养需求而特地制作的一种宠物食用饼干。目前市场中的猫饼干大部分都会含有天然猫薄荷成分。猫饼干的食用量一般是基于成年猫咪的体重和运动量来计算的，大多厂商都会将食用量表印制在产品外包装上，各位"铲屎官"在使用时一定要认真查看，切忌过量喂食。此外，猫饼干相对来说比较干，所以在喂食时请准备充足的饮用水。

妙鲜包（类同于零食罐）

妙鲜包以新鲜肉类为主要原材料，包含牛磺酸、精氨酸等猫咪必需的营养元素。而鲜肉中的蛋白质、维生素 A 等，更容易被猫咪的机体吸收，其中蕴含的天然抗氧化剂，如 B 族维生素、维生素 E 等，有助于提高猫咪的抵抗力，促进幼猫健康成长，延缓老年猫咪的衰老速度。

由于猫咪继承了其先祖非洲野猫在沙漠环境中很少喝水的习惯，所以大部分家养猫咪很容易出现缺水的情况，而妙鲜包中丰富的肉汁恰好提供了更好的水分平衡，猫咪摄入食物的同时又补充了水分，更有利于它们泌尿道的健康。但是并不建议长期食用，主要的原因是内含一些调味剂，长期食用妙鲜包会养成猫咪挑食的毛病，形成不好的饮食习惯，并且年龄较小的建议适量食用。

其他

除了以上这几类比较常见的，还有许多功能性猫零食，比如猫草、洁牙棒、营养膏、美毛丸等等，它们的作用涵盖了清除口腔异味、调理肠胃、排出毛球和护理被毛等多个方面。

需要注意的是，虽然零食里添加了各种有益于身体健康的成分，但效果毕竟有限，更不能代替药物进行治疗，所以猫咪如果缺乏某种营养元素或者存在比较严重的疾病，一定要及时就医采取治疗。

对于猫咪来说，零食有着不可抵挡的诱惑，在日常生活中适当地"供奉"一些可口的零食，不仅可以补充猫咪身体所需的营养成分，还能调节猫咪的情绪、舒缓压力。但各位铲屎官一定不能过于溺爱自家主子，无节制地喂食零食。良好的饮食习惯和科学的膳食搭配才是猫咪健康成长的保障。

遇到挑食的猫猫怎么办?

　　猫咪变得开始挑食,大部分家长首先会从猫的食物上进行检讨:是不是这种猫粮不爱吃?那就换一种吧!殊不知一段时间之后,猫咪又故态复萌了,于是铲屎官们再次为自己的主子撰写新的食谱。如此周而复始,家长终于黔驴技穷,而猫咪呢,依旧对自己的饭盘子不感兴趣。

　　猫是天生的美食家,但并不代表猫是天生的挑食家。猫挑食,大多"归功"于铲屎官的溺爱。如果你要继续溺爱你的猫,就不要再埋怨它们挑食。

　■　如何判断猫咪是否挑食?

　▲ 只吃某一样食物,其他一概不吃;

　▲ 有某样食物就吃,没有就不吃饭;

　▲ 对吃饭方式非常讲究。

始作俑者并非别人,正是主人自己。

　　很多主人常常自己在吃什么,也不忘给猫咪分一点,什么牛肉、香肠、鸡鸭鱼虾……一律给猫咪留一份,久而久之,猫咪的世面见多了,对食物的眼界高了,对原来的猫粮嗤之以鼻也是意料中的事情。

　　请不要喂太多品牌猫粮。很多人都认为猫吃一两种猫粮太单调,最好每天五六样猫粮摆在一起。不要说猫,就算是人,几样菜摆在面前,可能都不知道先吃哪个。猫也会不知道到底选择哪个好,结果可能就是今天这个吃几口,明天那个吃几口,到了最后,也不知道它到底喜欢吃哪个,主人也不知道哪种猫粮最适合它们。况且,猫不喜欢轻易改变口味和习惯。经常更换新品种猫粮也会导致猫咪挑嘴。事实上,一直喂食一种或两种猫粮的猫最不容易挑食。

養成良好的進食習慣是關鍵！

無論什麼事情，防患於未然總是最好的辦法。

▲ 養成好的進食習慣並且持之以恆，是防止貓咪挑食的最好辦法。

▲ 硬下心腸不和貓咪同甘共苦也很重要。從目前掌握的資料來看，人類的食品在味覺上絕對要比貓糧超出許多倍——所以一旦貓咪嘗了人類的食物之後，就會毅然地離開貓糧的懷抱，所謂"由儉入奢易，由奢入儉難"。

▲ 利用營養補充劑也可以改善貓咪挑食的習慣。複合維生素 B 溶液就是這麼一種既沒有什麼副作用，又物美價廉的營養補充劑。B 族維生素可以促進碳水化合物、蛋白質和脂肪的代謝，改善食欲。將複合維生素 B 溶液適量地倒在貓咪的水盆裡，幾天下來，貓咪就會將平常看不起的貓糧一掃而光。這樣的"肥仔水"任何一家藥店都能輕易買到喔。

當然，不是所有的"挑食"都是壞事。夏天來臨，大部分貓咪對食物的興趣都會降低，表現出挑食的症狀。這可不是真的挑食，而是貓咪要節制卡路里的攝取。氣溫每升高 10 攝氏度，貓咪所需的熱量就會減少 7.5%，天熱吃得少點，是一種常見的現象。夏天提高貓咪的食欲，罐頭是首選。

▲ 如果需要調節胃腸道，也可飼喂比瑞吉腸道處方罐，幫助促進食欲，調理胃腸道。

少量多次喂食

三月龄之前的幼猫一天可以喂食四次甚至五次；三至八月龄可以一日三餐；八月龄以上和完全成年的猫咪它们懂得控制自己的进食量，一旦觉得饱了，它们将不再进食。所以给成年猫喂食完全可以提供"自助餐"，它们本身也有每天少量多次进食的习惯。

不要培养不必要的喂食方式

有的铲屎官，在猫不吃饭的时候就会想方设法地去迎合它们。比如猫咪偶尔不吃饭或者吃得少，有的人就会尝试用手去喂，猫吃了食物后，主人会很开心，第二次依旧采取这个方式喂食，久而久之，猫咪习惯性地认为，只有人用手喂的食物才能吃。所谓，曾经一个小小的动作，也可能将来给自己带来无穷的烦恼哦。

怎么判断你的猫吃得健康？

■ 从猫的体型上判断

体况评分是世界小动物兽医师协会（WSAVA）发布的，对猫咪体内脂肪状况的评定，评分表如图。标准的成年猫体重在 3.5KG~5.5KG 之间。不要觉得猫越胖越可爱哦，当猫肥胖时，会有一系列的疾病产生，因为猫通常不会很快表现出病态，所以当它们得病到很严重的时候，为时已晚啦，所以在日常就要保障猫体态的健康。不要吃太多哦！

低于理想体态

① 短毛猫在肉眼下可见肋骨突出，触诊不到脂肪，腹部严重凹陷。可轻易触诊到腰椎与肠骨翼。

② 短毛猫在肉眼下可见肋骨突出，腰椎明显。腹部明显凹陷，触诊不到脂肪。

③ 可轻易触诊到由极少量脂肪覆盖的肋骨，腰椎明显，肋骨后方可见腰身。

理想体态

④ 可触诊到极少量脂肪覆盖的肋骨，肋骨后可见腰身，腹部稍微凹陷，没有腹部脂肪垫。

⑤ 比例良好，肋骨后可见腰身，可轻易触诊到由极少量脂肪覆盖的肋骨，少量腹部脂肪垫。

高于理想体态

⑥ 可触诊到由少许脂肪覆盖的肋骨。可见腰身与腹部脂肪垫但不明显。腹部无凹陷。

⑦ 肋骨不易被触诊到，伴随中等程度脂肪堆积及不明显的腰身。腹部明显较圆，并有中等程度的脂肪垫。

⑧ 触诊不到肋骨，过多脂肪。缺乏腰身。腹部明显较圆并可见突出的腹部脂肪垫。有脂肪堆积在腰椎部位。

⑨ 触诊不到肋骨并有严重过多的脂肪堆积。大量脂肪堆积在腰椎部位、脸及四肢，腹围膨大，没有腰身，大量的脂肪堆积。

■ 从猫咪尿尿上判断

猫咪尿尿上的问题是它身体上的大问题，因为猫咪天生不爱喝水，所以时常产生尿路和肾脏的问题。健康的猫，根据喝水的量，一天排尿 2~3 次，尿量也不大，颜色比较淡，最重要的是，猫在排尿的时候比较轻松。如果看到猫咪在厕所里站立很久才尿了几滴的话，那尿路是有问题咯，需要带它去看医生。喝水频次、喝水的量和尿量的突然上升也可能是肾脏的问题，同样需要就医。

■ 从猫咪便便上判断

便便是宠物健康的最有力见证。健康的便便是不干不稀、臭味适中，在清理时能轻松拾取不粘地的。只有消化好，才能健康排便。众多家长片面地认为，猫只要多吃肉就可以，在选择猫粮时，看到配方只要有肉就买。其实猫咪有爱舔被毛的习惯，因此大量毛球堆积体内，需要排毛球。在膳食上需要荤素搭配，补充膳食纤维，帮助肠胃蠕动，增加毛球排出量，健康排便。猫每天都需要排便，甚至不止一次，如果它有很多天没有便便了，那可要注意啦，可能肠胃有一些问题。

饮食和猫咪的体型有多大关系？

总有一些主人会问，我的猫吃不胖怎么回事呀，而有一些猫随便吃一点就很胖了？这到底是先天基因的关系还是吃的原因呢？那么猫的饮食和它们的体型有多大的关系呢？

■ 从猫的品种上来看：

▲ 纤瘦肌肉型的猫：一般东方品种的猫就是这样，它们天生就属于瘦小的体型，像我们东方人一样，骨骼比较小，如东方短毛猫、暹罗猫等。这些都属于体型纤细的，即便是长胖了，它们的脸还是比较尖的样子。

▲ 圆润厚实型的猫：例如异国短毛猫、英国短毛猫等，这些较圆润的猫咪，本来骨架就比较大，加上它们有厚实的胡须垫和肥硕的腮帮子、较粗的脖子，都让它们看起来比实际要胖得多。

▲ 长毛多毛型的猫：因为毛多而看起来体型比较膨胀，所以经常被误认为过胖，比如金吉拉、布偶猫等，这些猫咪主人可以趁它们洗澡时判断一下它们的真实身材。

■ 从先天的角度看：

肠胃敏感的猫不容易长胖，这与猫先天的遗传基因有些联系，它们即便没有患任何的疾病，身体健康，精神很好，吃得也多，但依然看起来不胖。和人一样，它们的肠胃不容易吸收营养，所以发育比较缓慢，毛发的光亮度也不及其他猫，体重比较轻。

■ 从病理的角度看：

如果猫咪的肚子里有寄生虫，那么就会大大阻碍它们对营养的吸收，因为吃进去的东西很大一部分被寄生虫所吸收，而猫本身得不到很好的营养供给，所以我们要定期给猫做体内外驱虫，保证它们有干净的血液和肠胃。

■ 从喂食的角度看：

食物对猫的体型还是有很大影响的，有些猫咪如果骨骼发育不好，看上去比较瘦弱，那可能是猫粮中的蛋白质和脂肪含量不足，总热量过低。之前就有说明，猫咪所需营养中蛋白质与脂肪的总量不能低于55%。所以在买猫粮的时候需要注意其配方及配比，如果无法达标，那么你的猫咪可能在体型上就达不到你的期待咯。

■ 从成长的角度看：

二至八个月的猫咪，活动量非常之大，新陈代谢旺盛，所以会普遍偏瘦。这就是我们说的猫咪生长的"尴尬期"，这段时间它们看起来并不是特别美，但其实它们在努力发育中哦，等到它们成年后，如果体型还无法达标的话，那就要看看是否有以上各种问题了哦。

猫咪有哪些饮食禁区？

很多人对猫咪百般宠爱，时不时把自己喜爱的美食和宠物一起分享，但由于猫的消化系统与人不同，美食反而成了致命的"毒药"！为了它们的健康，请尽量让猫咪远离以下十种食物！

①葡萄和葡萄干：对部分猫咪来说是有毒性的，易导致肾衰竭。

②巧克力：所含的可可碱成分会导致宠物中毒，引起呕吐、胃部不适、发热、抽搐甚至死亡。

③生鸡蛋：可能含沙门氏菌及各种致病菌，易引发代谢障碍。

④洋葱和大蒜：含有破坏体内红细胞的成分，易导致溶血症。

⑤野菇：少数野菇是剧毒的，要远离这类食物。

⑥坚果：大部分坚果会导致猫咪肠胃不适和发烧，要防止其误食。

⑦发霉的食物：发霉的食物含有大量黄曲霉毒素，需要及时处理垃圾，防止宠物翻垃圾桶。

⑧牛奶：部分猫咪会有乳糖不耐受症（对牛奶中所含的乳糖不能消化），大量饲喂容易引起腹泻或肠胃不适，建议饲喂更安全、营养的专业猫奶粉。

⑨有果核的水果：果核可能造成窒息或者消化阻塞。

⑩动物骨头：绝大部分家长认为骨头更适合作为猫咪食物，但如果骨头碎片卡在或刺穿它们的食道或肠胃道，会引发细菌感染，如不快速处理会造成死亡。

习惯养成

对不起，
在床上解决啦！

第一次用厕所

有些小猫到家时还没有习惯新的生活环境，它们可能也没有学习过使用猫厕所，它们找不到上厕所的地点就会乱拉，所以要尽快训练到家的猫猫适应我们准备的厕所。

如果我们已经找到了一个便于猫咪上厕所且较为通风的地点，准备好了厕所及猫砂，那么就可以开始训练它们啦！

想上厕所了吗？

小动物无法与人直接用语言沟通，但我们可以从它们的动作上了解它们的意图。还没有经过猫妈妈指导的小猫在刚开始上厕所的时候是无法自己找到猫砂盆的，它们会找一个角落直接"解决掉"。

那么要如何判断它想上厕所了呢？首先，它可能会非常焦躁，与小孩子相似，因为它们想"方便"啦。其次，它们会到处走动，寻找可以上厕所的地方，首当其冲的是室内的各个角落，因为小猫刚开始的活动范围并不大，它会在有限的范围里找到一个最舒适的地方解决。

带领它们进厕所

当看到小猫开始有以上表现的时候，我们需要赶快把它放到我们准备的猫砂盆里。出于本能，它会知道这个是它可以上厕所的地方，猫非常爱干净，因为这个地方可以把它"方便"后的排泄物埋起来。

每次小猫有想上厕所的讯号时，就需要带它们去猫砂盆处，多试几次之后，小猫就会习惯这样的模式，之后它们会很容易找到自己的"便便"领地。

■ 如何清理它们乱尿过的地方？

如果刚开始小猫乱尿过，那么很有可能它们会在同一个地方反复"方便"。因为在那里会留下它们的味道，给了它们"这里是方便的地方"的讯号，所以在一次"犯错"之后，它们会反复"犯错"。这会让我们感到非常头疼。

所以我们发现了小猫"方便"过的地方之后要马上清理干净，可以用一些除味的产品消除味道。但小猫的鼻子比我们要灵敏很多，如果清理不彻底，它们还是能找到那个地方继续"耕耘"。这时候我们可以拿一些酶类消毒剂，它们味道比较轻并且可以除味，不可以用花露水、柠檬汁、橘子汁等一些气味比较"冲"的东西去刺激猫猫。

当然，这样做虽然可以预防小猫再次去到那里方便，但不能阻止下次它会又找到新的角落哦，所以教小猫找到正确的方便之所非常要紧。

第一次剪指甲

别看小猫的指甲只有小小一点点，杀伤力可不小，非常锋利。

我们看到过一些视频，小猫顺着主人的裤子爬到身上，殊不知此时这位主人的心情——饱含热泪。所以我们需要经常给小猫剪指甲，为了不让它伤害到人类，也为了减少对家居类产品的破坏。

那要如何给猫剪指甲呢？猫的爪子隐藏在它的"指头"里面，平时它不伸爪子我们是看不到的，当剪指甲的时候，需要用一只手抓住"小手"，轻轻按压它们的肉垫，这时候爪子就会显露出来，可以看到锐利的爪尖。需要剪哪个指甲的时候，就按住那个指节，然后用专用的猫咪指甲钳，快速剪下一刀。记得不要剪得太深，猫咪的指甲后方有神经和血管，剪到之后会非常疼痛，相信你也不想听到它们的尖叫声。

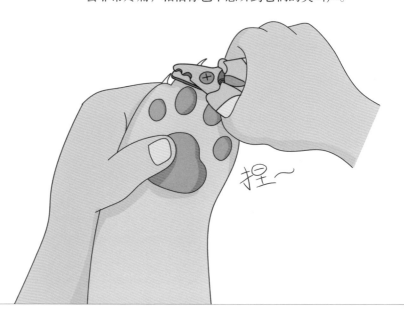

捏~

以上是最理想化的剪指甲方法，因为大部分猫咪不会伸出小手，让你优雅地剪指甲。对大部分猫来说，剪指甲跟"要命"一样惊悚。我们需要想办法将它们"固定"，才能保证在剪指甲的时候不伤害到它们，也不会因为它们情绪过于激动而弄得自己一身伤。

如果有两个人同时操作，那么可以先由一个人稳定住猫的情绪，轻轻按住，从猫的后脑勺一直到背部去撸猫咪，这时它们是最舒服和最有安全感的；此时再由另外一位勇士快速完成剪指甲的过程哦。

如果只有一个人操作，那么我们可以用毛巾先包住猫咪全身（如果在两个人同时操作的时候，猫的情绪还是非常的不稳定或者太活跃，那也建议使用毛巾帮助猫咪做固定），把手和脚都包在里面（完成这个任务也是比较困难的）；在剪指甲的时候，从毛巾里先拿出要剪的那个小手，这个时候猫咪就很难从毛巾里挣脱出来了，你也可以快速完成这个任务哦！

▲ 还有这些是你在家挑战猫咪的时候需要注意的：

被猫抓/咬伤了怎么办？

有这样一个梗：有个主人在给猫剪指甲前没被抓伤过，听说猫需要经常剪指甲才不会抓伤别人，但是在给猫剪指甲的过程中它过于挣扎，主人倒是受伤了。当然日常给猫剪指甲还是有必要的，它尖锐的指甲不仅会无意伤害到你，还会破坏家里的家具物品，但这个梗道出了给猫剪指甲是一件多么有挑战的事情，你随时有可能负伤哦。

猫在感到不适的时候会发起两种形式的进攻——咬和抓。猫有尖锐的指甲和坚韧的牙齿，这两件"武器"都是非常具有杀伤力的，轻者搓开皮肤，重者皮开肉绽。

被动物咬后，大家一定要记住按三步曲来进行处理：立即接受规范的伤口处理，被动免疫制剂注射，进行疫苗接种。提示一点，还要预防破伤风。

▲ 伤口处理：15 分钟有效、快速冲洗。要将伤口扒开，冲掉含有病毒的异物或唾液等，可用肥皂水来加强冲洗效果。如咬伤严重，建议用碘伏或到医院找专业人士进行消毒。

▲ 蛋白使用：对于暴露三级要使用被动免疫制剂。在伤口里狂犬病毒是抗原，而抗原抗体可将抗原活性给灭活，没有活性的话就是死病毒，是不会让人生病的。

▲ 疫苗注射：疫苗注射主要有肌肉注射和皮内注射两种，中国采用肌肉注射。临床上有"五针法"和"211 四针法"，这两个方法同等有效，同等推荐。由于狂犬病有潜伏期，而且时间不定，所以强调越早越好，超过 24 小时打疫苗也是有用的。狂犬疫苗有两大作用，

第一是产生抗体，第二形成记忆免疫屏障。所以打过疫苗后，当再次被咬伤时由于补疫苗抗体产生的时间很快，所以可不必打蛋白。一般来讲，狂犬疫苗的有效时间为6个月，但狂犬病死亡率太高，为确保零失误，世界卫生组织定为3个月。

在这里需要提醒一句，每年定期给猫咪注射狂犬疫苗是非常有必要的。

如何正确地抱猫和抓猫？

猫在紧张状态下，是非常危险的，它会发起攻击，它可能会对你造成误伤。那要如何替猫完成一系列动作而不至于被伤害呢？

猫的警惕性非常强，如果你的眼神和动作和平时突然不太一样，或者幅度变大，那它会马上认定这是危机的开始，全身戒备，这个时候你想要控制住它又增加了一点难度。所以要在猫休息或睡着的情况下，非常放松，蒙蒙眬眬的状态下"下手"，当它开始意识到有危险的时候，你的动作必须要变得轻柔，但需要在侧腰、手臂几个部分发力控制住猫咪；此外语气要轻柔，告诉它没关系没有危险，不能大声叫它听话，它听不懂，反而会觉得这个大声的声响也是一种威胁。

猫不是一种容易顺从的宠物，通常只有它心情好想来找你的时候才"命令"你撸它、抱它，如果你把一只正在玩耍或者行走的猫突然抱起的话，它们的反应大部分情况是挣扎和逃走。

第一次洗澡和日常清理

给猫洗澡已经成为"惊恐"的代名词，猫天生不爱与水接触（个别奇葩猫除外），每次给它们洗澡就是一场大战，是人与猫之间的较量。

虽然大部分的猫都不经常出门，但它们天性喜欢到处乱钻，喜欢探索家里未知的领地，即便家里看起来很干净，它们还是时常把自己弄得一身灰。为了和猫友好地接触，我们有时还是会给猫咪洗澡的。

那在家里要怎么给猫洗澡呢？

首先我们要准备猫专用的沐浴露，与人用的成分不同，能清洁猫身上的一些细菌，刺激性更小。另外，我们还要准备一块能迅速收干水的毛巾，还有一个声音较小的吹风机。无论是什么品种的猫咪，它们的毛还是比较厚重的，吹干的过程可能需要 20~30 分钟，有些甚至更久。为了让它们不会因为洗澡而感冒，最好先用毛巾把它们身上的水吸去一些。

▲ 现在市面上有洗澡袋、烘干机一类的辅助工具，可以根据猫和家里的实际情况使用。

洗澡时是猫咪最抓狂的时刻，它们会想尽一切办法逃离，所以有条件的话最好能给它们一个封闭的洗澡空间，卫生间的淋浴房或一个较高的洗澡捅、浴缸都可以阻止它们出逃。然后就是要给它们冲水，水温保持在 30~35 度，再热会对猫的皮肤产生伤害，从猫的颈部慢慢往下冲水，动作要轻缓。再接着，就要浇上沐浴露了，边涂抹沐浴露边帮猫做个小小的按摩，既可以缓解猫咪情绪，又可以帮助它们加快血液循环哦。记得不要洗到猫的耳朵和眼睛上面，头部、脸部，可以用水轻轻地擦洗。身体部位因为毛比较重，所以上完沐浴露之后记得要冲干净。最后，用毛巾吸干一部分水之后就可以用吹风机了，不要对着它们的头部直接吹，会吓坏它们，尽量慢慢地边安抚边吹干。冬天记得要吹干之后再放行，不然很容易感冒哦。

　　有些猫实在不喜欢洗澡，或者洗澡过于困难。那么有两个办法，一是带到宠物店洗，二是买一些猫咪专用的擦身纸。擦身纸有一点点湿度，也特别容易干，轻轻擦拭猫的全身，平时如果猫咪的某个部位弄脏了，也可以用这个来擦拭，猫咪不会过于抗拒。

当然，如果你在看完以上内容后觉得给猫洗澡的挑战太大，那么也可以送去有猫咪洗澡服务的宠物店或者医院（在去之前记得电话确认是否有此项服务，不是所有可以洗澡的店都愿意给猫洗澡的）。

虽然给猫洗澡并不便宜（普遍比洗同样大小的狗狗要贵很多哦，可想而知给猫洗澡的挑战有多大），但在外洗澡还是有一定优势的。

在家中洗澡，很可能因为被毛无法吹干，导致皮肤病的产生，而且给猫吹毛工作量非常大，过程中也容易感冒。

选择沐浴露非常重要，如果不是猫咪专用或者对猫咪皮肤有刺激的，很容易影响它的身体健康，专业的宠物店、宠医店，更注重对猫咪皮肤的护理。

如果是在医院洗澡，可能会多一项皮肤检查的服务，提早发现提早治疗。

有些猫因为年纪大、身材肥胖、先天遗传等原因会有心脏病，洗澡对于这类猫咪来说也是一种刺激，它们可能因为害怕而应激，反应大的可能因此发病。所以每年给猫做体检非常重要。因为等猫发病的时候，问题通常已经很严重了。另外，有些猫本来就胆小，如果带出去洗澡，在路上就会很害怕，到了洗澡处则应激严重，容易突然患病，所以需要提前让这样的猫社会化，多出门，多接触一些其他的猫。让猫多看到、多熟悉猫包和航空箱等工具，那么下次出门的时候猫的情绪就会稳定很多。

给猫洗澡不用非常频繁，主要还是根据它们外出状况和家里环境来决定，但建议不要多于每月一次，否则对猫的皮肤会有损伤。猫非常爱干净，它们无时无刻不在清理自己的毛发，把自己舔干净。

第一次掉毛、梳毛

　　猫咪在过了6个月后，它们的"可爱"程度可能会因为掉毛而降低一半，特别是长毛猫，简直就像是人工造雪机。猫的毛非常细，可以粘附在任何地方，这会让第一次养猫的人非常头疼。

　　到了冬天，猫就会给自己披上一层厚厚的毛发用来保暖，所以冬天的猫会看起来更加"肥美"，而回到了春季，随着气温的升高，它们要开始"脱衣服"啦，把身上厚重的毛卸掉，还自己一个轻盈的身体。而小猫，一般到了六七个月的时候就成年了，无论在什么季节都会开始产生掉毛的现象哦。

给猫梳毛，不仅可以将多余的毛清理出去，减缓猫咪掉毛带来的烦恼，特别是内层的毛发，在脱毛的时候不会轻易掉出来；而且还可以通过梳毛给猫咪进行一次"马杀鸡"，促进血液循环，对它们来说也是很好的事情哦。

如何给猫梳毛呢？

要准备一把专用的猫梳子，顺着猫的毛往下梳理，它们会很享受梳毛的过程。每天都可以给猫猫梳毛，清理身上多余的毛发。猫的毛分为绒毛（里面看不到的毛）和浮毛（表面的毛），之前有介绍过，梳毛的工具，除了梳子，还有手套和硅胶梳等。它们与梳子的区别就在于可以梳理猫的浮毛，猫咪在自己"洗漱"的时候舔食进肚子里的大部分是浮毛，所以清理浮毛也很重要。还有一个小窍门，在工具上沾一点水再梳理，可以有效缓解梳毛过程中毛乱飞的情况。

猫不仅会在春天脱毛季掉毛，它们一年四季都会掉毛，所以每天梳理非常重要。

不仅如此，猫在受到惊吓、吃了咸的食物等情况下，也会掉毛严重，平时给猫咪合理的膳食、安稳的环境都可以减轻它们掉毛的情况哦。

猫咪换牙

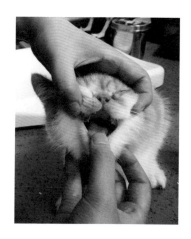

如果看到小猫掉牙齿了，不用惊慌，不是它们磕到了，而是跟我们人类一样，也要换牙了。

跟人一样，猫牙齿的生长发育也经过两个阶段，即乳齿阶段和永久齿阶段。在乳齿阶段，猫咪有26颗牙齿，到了永久齿阶段，猫咪就会有30颗牙了，多出来的是上下各2颗臼齿。

猫咪牙齿的生长以及换牙是很有规律的，通过观察猫的牙齿，可以大概估算出猫咪的年龄来。一般来说，三到四周龄的猫长出乳犬齿（就是上下颌的各两颗尖牙）和上颌的小门牙，到第五个星期，乳牙就全部长齐了。

从出生后第五个月开始，猫咪开始换犬齿，这时候掰开猫的嘴巴，常常可以看到猫咪犬齿部分的牙龈略微发红，这就是要长新牙的征兆。再过一两周的时间，

可以看到猫咪的上颌或者下颌有四颗犬齿，即同一个犬齿位置上有两颗牙，一颗略显粗大，这就是新长出来的牙了。随着新牙的生长，乳犬齿慢慢被顶松、脱落，被猫咪吐出来。如果细心观察，你可能会捡到猫咪换下来的小牙，保留猫咪的乳牙也可算是一种纪念吧。

　　猫咪四五个月大的时候是换牙阶段，可能会食欲不振，这时一方面要注意观察猫嘴巴里的牙齿生长情况，另一方面要为它提供易嚼的食物，以保护新生牙齿。

猫耳朵的清理

　　猫会想尽办法清理它们可以清理到的一切部位，而我们也可以通过很多显性部位，如眼睛、鼻子、牙齿等判断猫咪的健康情况，但像猫咪的耳朵部分，会经常被我们忽视。虽然猫咪的耳朵有自我清洁功能，不需要经常人工洁耳。但当猫咪经常出入一些脏脏的地方，那么它们的耳朵就很容易受影响哦。

　　猫耳朵的清洁、健康会给猫带来很大的影响。我们经常会看到猫咪用后腿挠自己的耳朵，或是不停地摇头晃脑，不断地抓耳背，这是它们的耳道内痒，有了异常，但它们没有办法伸进去挠，就用各种办法止痒。如果你发现你的猫咪有这样的情况，说明它的耳朵已经有了蛮大的问题了哦。

　　猫的耳朵是需要定期清理的，猫耳朵口的长毛，可以防止灰尘进入，但也容易滋生细菌。

猫耳朵的日常清理

为了保持猫耳朵内的清洁，不结起耳垢，可以每周1~2次用洗耳液为猫咪做清洗。

清洗方式：固定住猫的头，将一只耳朵翻起，滴少许洗耳液进入耳朵，轻轻按压耳朵，对耳朵根部进行揉搓，松开后，它会甩动头部，将里面的耳垢甩出，然后用棉花擦掉可见部分的水渍。

若是耳道中已经出现大量分泌物或耳垢，建议耳道清洗增加到一日一次甚至两次，直到症状消失再恢复到保健频率。如果不能有所缓解，建议将它带到宠物医院交给专业医疗人员处理。此时耳朵里面需要做彻底清理，深入猫咪耳道并不容易，猫咪耳朵内部的结构比人的更复杂，对猫的控制和对猫耳部结构的专业了解很重要，可以避免清理过程中人或猫咪受伤。而宠物店的工作人员大部分没有医学专业背景，对猫咪身体结构了解不够，会存在风险。

如果猫很抗拒用洗耳水，那么可以翻开猫的耳朵，把洗耳液滴在棉花上轻轻擦拭猫的外耳部分。

▲ 注意：对于棉签，新手和"高手"都不建议使用，猫耳道很深，棉花棒也很容易进入耳道，但因为我们对内部结构不熟悉，很容易对猫咪的耳朵造成伤害。

猫需要刷牙吗？

猫的口腔保健是非常重要的，这一点在国内还没有引起主人足够的重视。

牙结石：如果猫从小吃了比较多的软食，这些软食往往会附着在牙齿上，滋生细菌，产生牙菌斑，久而久之，牙菌斑就会和唾液中的矿物质结合，形成牙结石。打开猫的口腔，就可以看到一层浅黄色的结石。牙结石是细菌滋长的温床，会造成牙龈发炎，牙龈发炎的细菌会侵入猫的血液里，对内脏和心脏造成伤害。

口炎：就人而言，一个开始衰老的迹象就是牙口不好了。就目前宠物医院内猫咪的病例来看，很多猫咪到了七八岁的时候会患有口炎，这对猫咪来说是非常痛苦的，它们牙齿咀嚼的功能基本完全丧失了，因为这对它们来说很疼痛。而且口炎会导致牙齿脱落，不但无法正常进食，还会因为痛苦而不能正常休息，并常常哀嚎，影响主人生活。

解决口炎的方法，一个是做全面的麻醉洗牙，一个是拔除部分或全部牙齿。全麻洗牙现在虽然开始慢慢普及，但大部分家长会选择拔除牙齿，这对猫咪来说真的很痛苦，所以我们需要提前预防牙齿的健康问题。

当你刚开始养猫的时候，帮它养成一个不抗拒刷牙的习惯非常有必要。（但事实上，大部分的猫咪还是无法接受刷牙，只能"强迫"进行咯！）

清理猫的牙齿有两种方法

▲ 用指套清理

用指套可能更加方便一些，适用于特别抗拒刷牙的猫。在猫比较放松的时候尽量固定住它的身体，用一只手掰开嘴，使它露出一边的牙齿，在指套上涂上牙膏或者一些猫喜欢的食物擦拭牙齿，引诱它舔食牙齿，可以帮助清洁。

▲ 用牙刷清理

猫咪小时候可以慢慢培养它刷牙的感觉，步骤与上面相似，用牙刷可以清洁口腔更加内部的污垢，适用于比较听话的猫咪。

▲ 请专业人士帮忙清理

如果你的猫咪极度不配合你，为了防止造成双方的误伤，可以请宠物医院的医生帮忙刷牙哦。

怎样阻止猫咪"搞破坏"？

猫咪的破坏力不容小视，它们会把桌上的一切推下去，它们喜欢啃咬电线、塑料袋，它们喜欢在激动的时候对着你狠狠咬一口，它们会在大清早叫你起床……

尽管这些"小恶魔"万般可爱，我们可能会无数次原谅它们，但有时候它们的所作所为确实会令我们很头痛。

 如果有什么地方不想让猫过去，那么我们可以在附近贴上双面胶带，猫对此有谜之恐惧，从此不会再涉足。

　　 多放一些猫抓板，把它们喜欢挠的那些塑料袋都藏起来，减少它们犯错的机会。

　　 如果猫咪做了什么不该做的事情恰好给你看到了，你可以抓住它的后脑勺那块软软的部位，并"教育"它们不应该这样做，虽然猫不会像狗这么听话，说完可能会再犯，但久而久之，它们犯错的几率会越来越小哦。

想和你的猫作息同步吗？

猫一天起码有 16 个小时都在睡觉，白天当你不在家的时候，它们在充分睡眠，而当你开始睡觉的时候它们就开始嘚瑟了。如果不想晚上被打扰，那么就要做一些充分的工作，培养它们与你同步的作息时间。

如果你的猫白天单独在家，此时猫在白天肯定会一次睡个够，所以当你返回家里的时候，就需要充分利用你们的"亲子时间"咯，好好陪你的猫咪玩个够吧。只有在它们清醒的时候充分消耗它们的体力，那么到了晚上，它们才有可能累到只想睡觉哦。

当然，如果你养了两只或两只以上的猫咪，那么它们白天可能会自己玩一会儿，但大多数时间它们还是会双双入睡，所以花一些时间陪猫咪玩耍很重要哦，猫咪也会因此更爱你！

如果白天你家还有人可以陪伴猫咪，那么你的家人可以在你不在的时候陪猫咪玩，主要还是要消耗它们的体力。尽管它们不寂寞，但你肯定还是希望晚上可以与猫咪共同入睡，而不是在半夜被踩醒。

网红猫 花布

怎么陪伴猫咪玩耍呢?

　　之前提到过可以买一些玩具(如逗猫棒),或者一些高级的为猫准备的移动玩具,猫对激光笔是完全没有抵抗能力的哦。猫咪作为捕猎者,是很喜欢做抓捕游戏的,任何会移动的物体对它们而言都是具有吸引力的。你可以利用一些工具让猫咪做左右跑动或者跃起的动作,可以很快消耗它们的体力,并且保持了它们作为猫的天性。最关键的,在玩游戏的时候,你可能会看到一个平时看不到的极其神经质的猫!

　　这里还需要提一句,如果猫突然对平时喜欢的玩具和挑逗提不起精神,那它可能是有点不舒服了,记得及时带猫咪去宠物医院就医哦。猫咪是很容易隐藏自己的病痛的,当它精神不好的时候已经比较严重了。

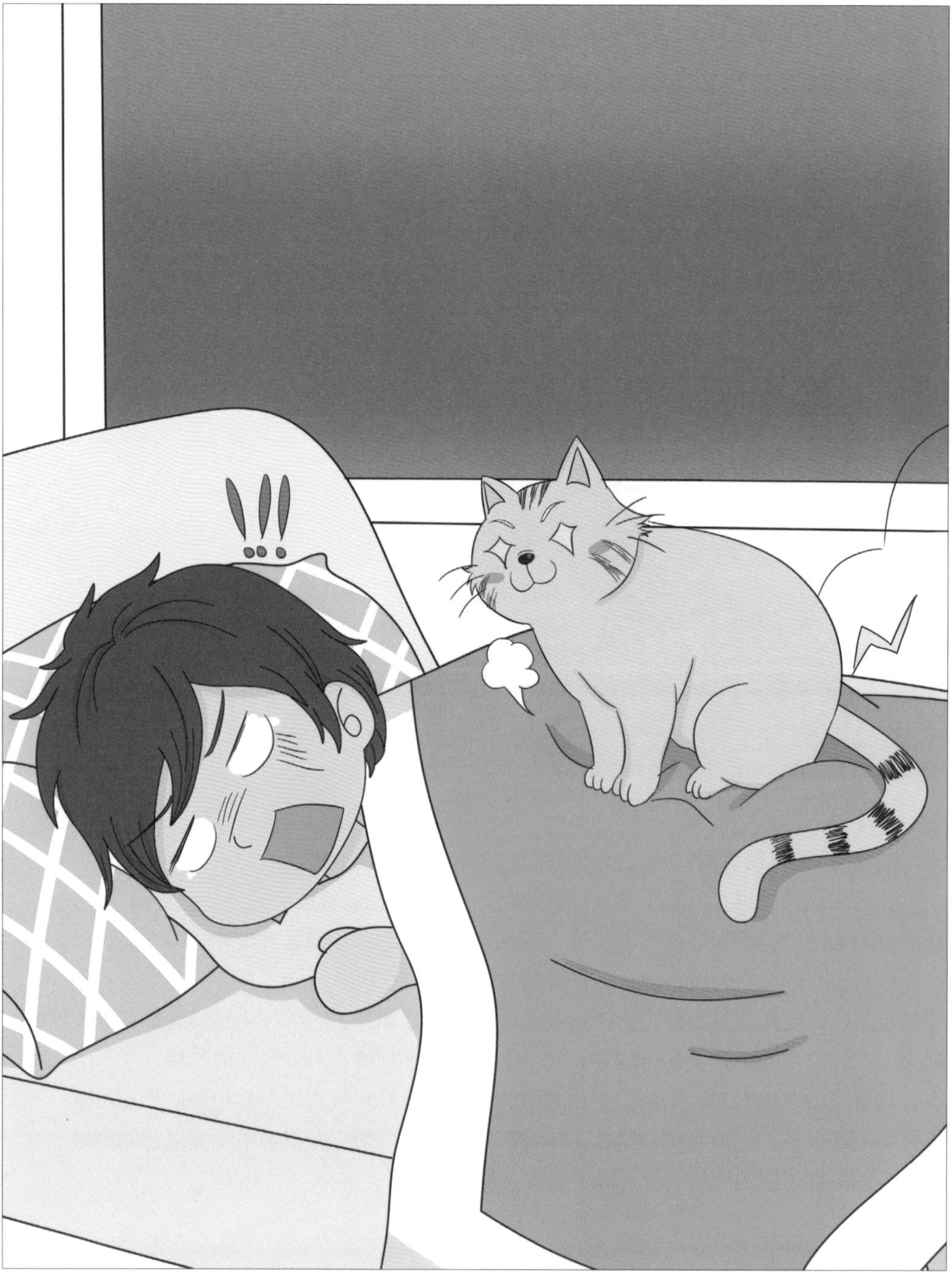

行为学初识

猫到底是一种什么样的生物？

领地意识：猫是天生的捕猎者，但它同时也是别人的猎物。身兼这两种属性的它们有着高度的警惕性，它们对周围的环境、生物都观察仔细，只有在它熟悉的环境、熟悉的味道中，它们认为一切"可预料"，才是安全的。任何的风吹草动或是突发情况都会吓得它们半死。当它没有掌握主动权时，它们最终会选择反抗。这就是猫的"领地意识"。

等级意识：猫是没有等级意识的，在它们的意识中，其他的猫、主人或任何人都是平级的，它们始终保持着自己的骄傲和自信。它们的一身皮毛是它们展现自信的道具，有些主人天热的时候喜欢帮它们剃毛，但是没有了武装的它不但失去了自信，还会受到来自同伴的嘲笑，这对它们心理的影响很大，很多猫咪因此抑郁。

独立生活：作为猫科动物，猫更喜欢独来独往的独立生活，不愿与其他同类有过多的接触，两只从小养在一起的猫可能会彼此亲近，但很少会看到两只成年猫成天腻在一起。这样独立的生活态度，使它们有对物品私有化的表现，它们喜欢始终用同一件东西，如果有其他猫用了它的，那它很有可能对对方发出警告："不许用我的东西！"如果家里有多只猫，并给它们各自准备了一套餐具的话，那它们一般每次只会扑向自己固定使用的那套。

读懂猫猫的喜怒哀乐

猫咪不会说话，但与它们接触时间长了，我们还是可以和它们沟通，从它们的眼神中（自以为）能看出各种情绪和对我们的爱。我们也可以通过一系列动作告诉它们我们对它们的爱。那么刚刚开始养猫的你，知道猫有多少种表情神态吗？

我们可以从猫咪发出的声响、猫咪尾巴的动作和猫咪的表情中判断它的状态。

尽管每只猫咪的声音、语调都天差地别，但是我们还是可以寻找到一定的规律哦。

从声音中判断猫的情绪

▲ 小声的"喵喵"叫唤：当猫咪与你首次见面，就对着你"喵喵"叫唤，这可能是猫咪想要引起你的注意，想与你互动；如果你的猫与你已经很熟悉了，再发出轻轻的叫唤，这是在与你表达爱意哦。

▲ 声音比较响、声调很长的"喵"声：这是猫咪在抱怨或者索求东西的信号哦。我们会发现，我们在给猫咪准备了它们喜欢吃的东西的时候，它们会紧跟着我们发出这种很迫切的声音。或是当我们很久没有见面，再次出现在它们面前的时候，它们会"喵"得很大声，希望引起你的重视，可以与它们有一些互动，求撸撸（当然这种可能非常小，你的猫通常会不理你）。还有，在猫感受到不舒服的时候（比如在它们不情愿的时候"强抱"它们），它们也会发出这样的声响，甚至用一些肢体语言告诉你"不要这样"。

▲ 表情很夸张地发出"滋"和"哈"的声音：这是猫咪表示恐惧和示威的一种方式哦，当猫感到有威

胁的时候（去到陌生的环境、遇到陌生的人或者陌生的猫），有一些胆小的猫咪就会用这种声音为自己壮胆，也是给对方一点"威慑力"，尽管不一定有用。

▲ 很激动、很大声的"喵"声：遇到有这种声音的时候要注意了哦，可能是你的猫咪身体有哪里不舒服了，表示反抗。因为它们不会说话，只能用这种方式表示疼痛或不舒服。当猫咪呕吐、便秘、疼痛时，都有可能会发出这样的声响。

▲ 很大声的"嗷"声：猫咪发现了新奇的东西，并准备捕猎的时候会有这样的声音，比如在它们遇到蟑螂、蚊子等会动的东西就会显得很激动。当然猫咪发情的时候，也会不断发出这种声音。有时候我们会在晚上听到窗户外的"哭闹声"，也有可能是猫咪发情的叫声哦。

▲ 很有规律的"咕噜咕噜"：当然是表示满足啦，"你把我服侍得很好哦"。这个时候肯定是猫咪的身心都感到安全、满足，比如我们抚摸得它们很舒服的时候，说明它们很信任你哦。

▲ 翻着肚子"咕噜咕噜"：这已经是猫发嗲的终极状态了，"我好舒服啊""不要停不要停"！当它们遇到了喜欢且信任的人或者兴奋的事才会把肚子展现出来，肚子是猫最脆弱的地方，只有完全卸下防备的时候才会示人。这个时候你可要珍惜哟。

■ 从尾巴的动作判断猫的情绪

▲ 直直竖起的尾巴：它的心情不错，或是表达见到你很高兴，它们会竖起尾巴在你腿边蹭，希望你也可以给它一些互动哦。

▲ 尾巴"炸毛"一般竖起：这个时候猫随时准备发出攻击，但此时它本身也处在一种紧张的状态，因为它感受到了威胁，同时可能会发出"滋"和"哈"的声音。如果可以的话，此时请帮它消除威胁哦，因为猫咪应对恐惧时会产生应激反应，这对于它的健康是非常不利的。

▲ 尾巴下垂：猫不会像狗一样极会表现自己的情绪，所以在它们失落、心情不好的时候它们会用这样的"小动作"来表达，比如知道你要出门，它们可能会耷拉下尾巴在门口呆呆地看着你哦。

▲ 尾巴夹在两腿中间：我们会发现，当抱起猫，它们脚不着地的时候，经常会出现这样的动作，因为猫咪会觉得腾空的时候很不安全。因为此时它们的肚子暴露在了外面，肚子是它们的"禁区"，所以它们会用尾巴把肚子遮起来做保护。

▲ 身子半蹲，并且很重地晃动尾巴：这个是猫科动物标准的捕食姿势，这个时候它正处于精神高度集中的状态，说不定下一秒它就会朝前扑过去哦。这也是猫咪对面前的事物非常有兴趣的表现，我们尽量不要去打断它们玩耍的时间哦。

猫猫的地盘意识

对于狗狗来说，最明显的占领领地的表现就是在那里尿尿，表示"这是我的地盘，只有我能在这里尿尿"，但是猫只在猫砂盆里上厕所，它们是如何表现出自己的领地意识呢？

其实猫的地盘意识更加强，它们不是为了"霸占"这块地方，而是它们会觉得"在这里我是安全的"，所以它们会把这个范围圈起来，很少踏足领地以外的地方。所以猫很少能带出门"遛"，外面是它们觉得紧张的陌生领地。

猫咪经常会用它们的胡子一侧去蹭一个地方，这就是它们在标记气味，它们留下气味越多的地方，就会觉得越安全。

如果带了一只新的猫咪到家，可以先给它圈一块地方，至少让它在这个陌生的环境中有一处它们觉得安全的容身之地，不用躲躲藏藏。当它已经熟悉了这块地区，它会慢慢地往外圈摸索。它也会跟狗狗一样，先用鼻子去摸索不熟悉的味道，再踏出一步，直到把所有的地方摸索透了，那你的家才真正完全是它的家咯。

如何缓解猫的紧张情绪？

　　如果你的猫咪很胆小（大部分的猫咪都很胆小啦），当家里有陌生人，或者需要带着猫咪去医院或者宠物店的时候，我们要怎么帮助它来减缓紧张情绪呢？

　　当家里来了陌生人，胆小的猫咪会很警惕，如果你的猫咪确实不喜欢"接客"，那事先给它一个可以躲藏的空间，避免它完全暴露在陌生人面前；如果客人实在想见见猫咪的真容，也不要强行拖拽猫咪，很可能会在它们挣扎的时候弄伤它们，而处在极度紧张状态的猫咪可能会伤害到人哦。它们会强行想挣脱，会不惜一切代价逃离。被倔脾气的猫咪咬到或者抓伤后，伤势可不容小视哦。

猫咪见到陌生人只有紧张的情绪吗？其实猫也是很有占有欲的，如果你的猫不抗拒家里有陌生人，但你与客人聊天甚欢，而忽视了猫咪的存在的时候，它可能会觉得你被抢走了，因此而不高兴哦。所以就算你家有陌生人，也要记得疼爱一下你的猫咪哦。

如果你需要带猫咪出门，应该怎么缓解它的情绪呢？首先，我们需要一个好用的猫包，那种从上面打开的箱子更理想一些，一开一丢一关它就逃不了啦。然后我们需要在猫包的外面遮一块它熟悉味道的布，这样既可以遮住前方的光，因为陌生的视野环境也会让它们觉得不安，也可以让它们闻到熟悉的味道保持镇定。

猫咪从外面回家以后会觉得不安吗？也会哦。特别是去了医院或宠物店后，它们的身上会沾染到其他宠物的味道，那对于它们来说也是非常陌生的。如果你的家里不止有一只猫，那么你会发现，家里的猫对从外面回来的猫也很不友好，因为它身上有很不熟悉的味道。这个时候你需要向家里的猫咪重新介绍它，之前包在箱子上的布可以换掉，然后重新给它一些熟悉味道的东西，让它慢慢"恢复记忆"。

 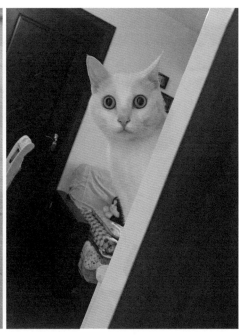

如何表达你对猫咪的爱？

　　有些人好像特别容易"吸猫"，猫特别愿意和这样的人待在一起，这是为什么呢？有很大一部分原因，是因为这是一个特别温柔的人哦。因为猫的胆子很小，如果你用比较大的声音说话或者比较重的力气去摸它们，那它们就会被吓跑哦。它们会觉得这是一种威胁，会感到恐慌，也会觉得你不喜欢它，所以不会与你亲近。

　　所以我们平时可以非常有耐心地、温柔地跟它们说话。在撸猫撸久了之后，你也会知道什么样的手压可以让它们"咕噜咕噜"，我们可以边撸猫边与它们说我们很爱它们。虽然它不一定会理你，但你也可以从一些细节中发现，它们与你很亲近哦。因为它们知道你是爱它的，只是懒得理你。

基础保健

主子的健康才是最重要的，让陪伴更长久。

猫的 15 岁就相当于人的 76 岁，对于你而言它只是在你身边短短的 15 年，但对猫咪而言，这是它陪伴你的一生。不仅如此，猫 7 岁时虽然只相当于人的 44 岁，但 7 岁的猫已经正式进入老年期了，此时，它们的身体机能开始下降，没有以前活泼好动了，开始需要更细心的照料。

猫是天生的猎手，所以它们喜欢隐藏自己的弱点，它们非常耐痛，在没有到很严重之前，不仔细观察你都不会发现任何异象，所以当猫咪开始表现得非常不舒服的时候，问题已经很严重了。猫的很多疾病都是无法逆转的，最好的治疗结果可能就是维持原状，很多猫在发病不久后就会去世。为了不让它们突然离开，我们需要对它们可能发生的各种情况做准备。提早发现问题、预防问题，作为家庭的一分子，更长时间的陪伴才是最重要的。

关于疫苗

当我们开始养猫，无论猫是从哪里得来的，之前的主人都会提醒你，需要给猫咪打疫苗。久而久之，给猫咪打疫苗已经形成了惯例。

那么宠物为什么要打疫苗呢？

动物的母乳富含营养，能够帮助刚出生的宠物宝宝获得充分的抵抗力。然而，当宠物一天天长大，从母乳中获得的母源抗体也会随之减弱甚至消失。为了让宠物能够抵抗常见传染病的侵袭，就需要通过注射疫苗诱导病原特异性体液免疫与细胞免疫，帮助宠物获得对病原的抵抗力，降低或消除感染传染病的风险。

通常我们需要给猫咪进行免疫就需要打两种疫苗：猫三联＋狂犬疫苗。

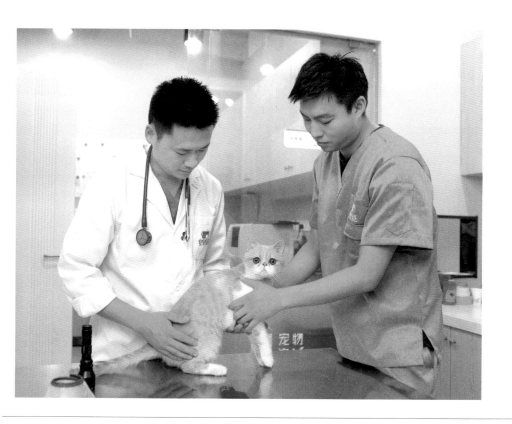

猫咪通常打的疫苗可以预防那些疾病呢？

　　猫三联主要用于预防猫传染性鼻气管炎（猫鼻支）、猫杯状病毒感染及猫泛白细胞减少症（猫瘟）。

　　▲ 猫传染性鼻气管炎（猫鼻支）：是由猫疱疹病毒引起的的传染性呼吸道疾病，发病初期体温升高，上呼吸道感染症状明显，出现阵发性咳嗽，打喷嚏，流泪，结膜炎，食欲减退，体重下降，精神沉郁；鼻腔分泌物增多，开始为浆液性，后变为脓性。

　　作为传染病可能还会通过分泌物或接触过的物品出现传染，幼猫、成年猫都有可能被传染。就像人的流感病毒一样，猫鼻支的治疗效果和恢复状况要依照每只猫的免疫力而定，而且这种病不能完全治愈，当症状消失后，它们会储存在猫咪的身体中伺机而动，在猫咪免疫力低下的时候再次爆发。

　　▲ 猫杯状病毒：是猫病毒性呼吸道传染病，主要表现为上呼吸道症状，即精神沉郁、浆液性和黏液性鼻漏、结膜炎、慢性口炎、口腔舌头溃疡、气管炎、支气管炎，

伴有双相热。只要及早发现对症治疗，治愈的希望还是很大的。

▲ 猫泛白细胞减少症(猫瘟)：是由猫细小病毒引起的猫的一种急性、高度接触性、致死性传染病。主要发生于 1 岁以内的幼猫，临床表现为突发高热、呕吐、腹泻、高度脱水和明显的白细胞数减少，是家猫最常见的传染病。

猫瘟的潜伏期为 2~9 天，但临床表现发病会很突然，进展速度也会很快。超急性型可能会在几个小时内就发生昏迷和死亡；急性型的猫会突然发病，体温升高、精神不振、呕吐厌食等。

以上疾病都是传染性疾病，是会在猫之间互相传染的，为了自己猫猫和其他健康猫咪的安全，需要给猫咪定期打疫苗。

〃 狂犬疫苗顾名思义是用来预防感染狂犬病的。

猫狂犬病和狗狂犬病是相同的病毒，以病猫狂燥不安、意识紊乱、对环境刺激反应过大、攻击其他动物，最后麻痹而死为特征。据统计，猫传染的狂犬病占到总病例的 3%，是狂犬病的第二大疫源和传播宿主。

而且，猫狂犬病是人畜共患病，被病猫咬 / 抓伤的人也会得狂犬病。在被不确定是否接种过狂犬疫苗的猫抓 / 咬伤后，人也必须尽快去指定医院接种狂犬疫苗，注射狂犬疫苗应该在被抓 / 咬伤后的 24 小时内，而且应按规定注射足 5 次：即在首次注射狂犬疫苗后的第 3、7、14、28 天后各注射一次。当病人从潜伏期转入前驱期时，再注射狂犬病疫苗就没有效果了。

▓ 何时给猫咪进行免疫呢?

WASVA 建议的猫免疫程序:

首次免疫（6~8 周）	猫三联核心疫苗
第二次免疫（与首免间隔 2~4 周）	猫三联核心疫苗
第三次免疫（与二免间隔 2~4 周）	猫三联核心疫苗 + 狂犬病疫苗
今后每 12 个月免疫一次	猫三联核心疫苗 + 狂犬病疫苗

▲ 其中，幼猫免疫需要反复直到 16 周龄或 16 周龄以上。所以如果幼猫在 6~7 周做首次免疫，那么第一阶段它就需要做 4 次免疫。

█ 注射疫苗期间应该注意些什么呢？

▲ 新来的宠物不建议立刻注射疫苗，应在家观察至少两周，如食欲及排泄正常，身体状况良好，经专业医师检查可注射疫苗。如发现在观察期间出现不适，应及时就医；在宠物身体不完全健康的情况下注射疫苗，容易使宠物患病并导致免疫失败。

▲ 免疫接种期间应经常对宠物的活动场所进行消毒；可以用紫外线灯或者宠物专用的消毒喷雾进行消毒，注意消毒时把猫移开。

▲ 免疫接种期间应避免饲养条件骤然改变，如更换食物或离开熟悉的饲养环境等。

▲ 免疫接种期间尽量不要为宠物洗浴。

▲ 免疫期间应避免宠物剧烈运动或长途运输宠物。

▲ 免疫接种期间尽量不让宠物进行户外活动，避免接触外界病原体。

▲ 注射疫苗后应在医院观察 20 分钟，在宠物没有出现不适症状后方可离开；如有异常，请及时联系医院。

▲ 免疫注射期的宠物需要与其他未进行免疫的宠物进行隔离，以避免感染疾病。

█ 是不是家养的猫就不用打疫苗了呢？

很多主人认为自己家猫咪从来不出门，不需要注射疫苗。其实这样的想法是错误的。在户外，病毒是无处不在的，主人很有可能因为不经意的触碰就将病毒带回家中，而常年生活在室内的猫咪抵抗力比较弱，也许这少量的病毒就会导致发病，所以，按时注射疫苗是必不可少的一个环节。

关于驱虫

对于驱虫，连养了很多年的老猫友也会有疑问：既然我家猫从来不出门，那么为什么还要给它做每个月的驱虫呢？家里很干净呀，哪里来的虫呢？

其实不出门的猫也是会有得寄生虫病的危险哦，因为主人每天出门在外，这些寄生虫可能会附在我们的衣服、鞋子上。而猫咪又是好奇宝宝，它们会喜欢探索新的气味，所以我们会发现，当我们回家之后，猫会对着我们的鞋嗅个半天，看看我们是不是在外面有别的猫了。在猫与我们的物品接触的时候，就有可能接触到我们带回的寄生虫。

得了寄生虫病的宠物会有哪些影响呢？

寄生虫病是日常生活中较为常见的一种疾病。在临床上一般分为体内和体外两类。宠物一旦发生寄生虫病，又没能及时治疗，轻则影响它们的生长发育、阻碍身体对营养的吸收，重则导致罹患各种疾病、危及它们的生命。如某些患有体外寄生虫病的猫猫会有瘙痒、烦躁不安，严重的会发展成皮肤溃疡、贫血，甚至死亡。更为严重的是，多数寄生虫会感染人，严重影响家长的身体健康。因此，对于每一位家长来说，驱虫是万万不可忽视的一个环节。

宠物体内外常见的寄生虫有哪些呢？

常见体内寄生虫：蛔虫、绦虫、钩虫、球虫、滴虫、肺丝虫、心丝虫、弓形虫等

▲ 蛔虫：蛔虫是犬猫常见的体内寄生虫。蛔虫可以通过粪便和胎盘传染。通常成年的蛔虫寄生在小肠内，但是也会移行到动物的其他器官。犬猫都会感染蛔虫，而且也可能感染人。

▲ 钩虫：钩虫是犬猫常见的体内寄生虫，可以通过哺乳、土壤和皮肤穿透感染。钩虫的幼虫发育为成虫后会定居在小肠内，导致犬猫严重失血。

♋ 蛔虫

♋ 钩虫

♋ 心丝虫

图片由硕腾中国 提供

▲ 心丝虫：心丝虫是犬猫非常危险的体内寄生虫。蚊子是心丝虫传染的媒介，通过血液的叮咬会将心丝虫传染给健康的犬猫。成年的心丝虫会生活在右心室和肺动脉中。通常症状不明显，只能观察到咳嗽的情况。严重的心丝虫感染会导致犬猫的死亡，且心丝虫属于人宠共患病。

▲ 弓形虫：它令人闻风丧胆是因为弓形虫病是人畜共患病。它广泛寄生在人和动物的有核细胞内，在人体多为

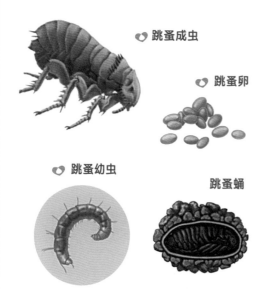

跳蚤成虫

跳蚤卵

跳蚤幼虫

跳蚤蛹

▲ 跳蚤：跳蚤是常见的体外寄生虫，特别在春季和夏季。跳蚤叮咬过的皮肤会发红、发肿，如果不驱除会导致皮炎。严重时出现脱毛、皮肤化脓，跳蚤属于人宠共患病。跳蚤有成虫—幼虫—蛹—卵四个生活阶段，而人类肉眼可见的仅仅占跳蚤的非常小一部分。杀死跳蚤卵是控制跳蚤的关键。

▲ 耳螨：是犬猫常见的体外寄生虫之一。如果感染，犬猫耳道内会有黑褐色蜡样分泌物，造成猫咪不安，搔抓，如不及时治疗，会损害耳道。

▲ 疥螨：疥螨是很讨厌的体外寄生虫。疥螨会在皮肤下面"挖地道"。犬猫会很痒，而且会传染人。主人会见到它们常常"挠痒痒，啃爪子"。

隐性感染。弓形虫也是孕期宫内感染导致胚胎畸形的重要病原体之一。但是要在这里提出，怀孕并不等于不能养宠，首先主人在怀孕时必须去医院检查身体内有无弓形虫，如果母亲体内没有，那么我们也可以带猫去检测血液内是否存在弓形虫（目前还没有研发出弓形虫疫苗，不要上当哦，要确诊还是需要做血液检查的），没有的话就可以放心地回家啦。平时注意环境卫生，不吃生肉，准妈妈尽量不要去接触猫的食盆水盆和清理尿尿便便即可。

常见体外寄生虫：蜱虫、跳蚤、螨虫、虱子等

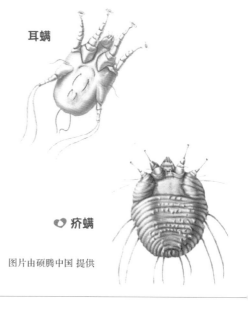

耳螨

疥螨

图片由硕腾中国 提供

何时为犬猫进行驱虫？

体内驱虫：可以按照不同驱虫药时间的说明进行操作或遵医嘱。

体外驱虫：现在市面上大多数的主流驱虫药，推荐用药频率一般都为一个月一次。具体遵循说明书或遵医嘱。

对于从市场上购买或领养的犬猫，一般建议到家稳定 7 天左右再做驱虫预防。

如何判断犬猫是否患有寄生虫病？

感染体外寄生虫的犬猫可能会出现的情况：

▲ 会总是抓挠、搓蹭、舌舔或撕咬瘙痒部位。

▲ 检查耳内会发现有黑褐色污垢、耳朵发臭。

感染体内寄生虫的犬猫可能会出现的情况：

▲ 会吃得更多，但始终吃不胖。

▲ 食欲不振，消瘦，发育迟缓。

▲ 产生便秘或腹泻、呕吐和腹围增大等情况。

▲ 排出粪便内有虫卵、成虫。

▲ 肛门周围有白色扁平节状物。

■ 给猫咪驱虫应该注意什么？

▲ 刚开始养的犬猫应在第一时间去医院检查是否可以开始免疫驱虫。

▲ 由于犬猫在注射疫苗期间免疫抵抗力较差，且驱虫药对犬猫的刺激较大，因此，免疫与驱虫应当分开进行。

▲ 驱虫药的剂量应严格遵照医嘱，不可盲目增减剂量。

▲ 建议驱虫在医院进行。驱虫并非只是喂一颗药或者涂抹一下喷剂那么简单。首先，一些寄生虫病在患病前期症状并不明显；其次，驱虫药的种类繁多，针对不同的寄生虫使用，所以建议家长在专业医师的指导下进行操作。

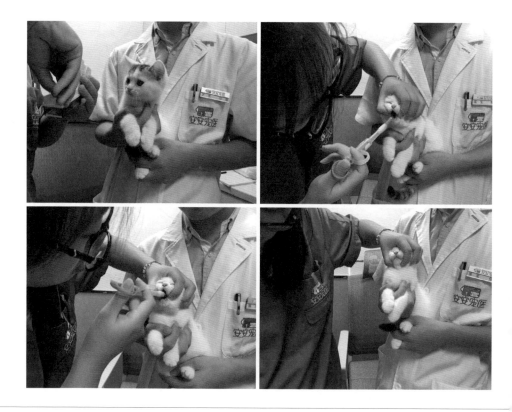

关于体检

　　猫咪为什么也要做体检呢？它们看起来活蹦乱跳，能吃能睡，健健康康的呀。之前也有提到，猫咪是不会轻易暴露自己的弱点的，所以它们很能忍痛、忍疾，当它们表现出病恹恹的状态时，其实已经到了很严重的地步了。为了提前得知猫咪的身体情况，体检是最简单省事的方法。

　　■ 为什么要定期为猫咪做体检？

　　定期体检能够帮助家长及时了解猫咪的身体情况，发现问题并及时治疗，有效延长它们陪伴我们的时间，提高它们的生活质量。

　　▲ 猫咪与人不同，无法说出身体上的不适。

　　可能你的猫咪今天看起来只是有点高傲，不想理人，但我们却无法得知这究竟是它的心情不好，还是有其他问题了。

　　▲ 由于动物的天性，猫咪通常会隐藏疾病早期的不适，当家长发现猫咪出现异常情况时，往往已错过了疾病的最佳治疗时期。

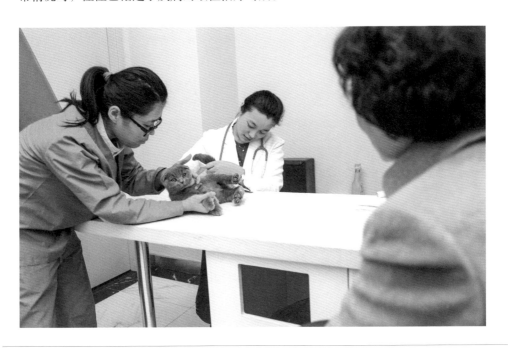

▲ 对于老年猫来说，体检数据就是它们身体状况的警报器。心肺、内分泌、血糖水平、肝肾功能、关节情况等，都与猫的健康状况息息相关。

进入老年阶段的猫咪，得病的最高比例是在肾病上，猫咪天性不喜爱水，有些猫咪很少喝水，可能主人平常并没有注意，久而久之，猫咪的肾脏就会有很大的压力。

▲ 由于生活水平的提高，肥胖、高血压等人类的"富贵病"也愈发频繁地发生在猫身上，这种亚健康状态如果任其发展，最后也可能危及它们的生命。

猫咪并不是越胖越可爱，过度肥胖的猫咪其危险程度堪比人类的肥胖，因为它们的各项器官承受力更小，肥胖对身体的伤害更严重。

定期给猫咪进行体检，可以得知它们在一个阶段内的身体状况，有项目超标的话，也可以早控制早治疗哦。

　　■ 需要多久进行一次体检?

　　▲ 从幼年期开始,建议每年进行一次体检。

　　▲ 患有慢性病的猫或老年猫（7岁及以上）,建议每6个月进行一次体检。

■ 各个体检项目都有哪些作用?

　　下面介绍了一些我们经常看到的体检项目,那么这些项目到底是要了解猫哪些问题呢? 是不是每次体检都需要做这些项目呢? 猫咪具体每年要做的体检项目建议还是到院后与医生沟通后再做决定哦。

　　▲ 理学检查:主要是为了解猫身体基本状况。

　　▲ 血常规检查:了解猫咪是否有贫血、脱水、白细胞分类计数、血小板异常或凝血异常等。

　　▲ 粪便检查:了解猫咪是否感染肠道寄生虫,感染何种寄生虫,如蛔虫、绦虫、滴虫等。

　　▲ 尿液检查:主要是及时判断猫咪泌尿系统是否有感染、结石,或者是身体有其他异常。

　　▲ 超声检查:用于判断猫咪的内脏是否存在异常,如肝硬化、肾结石、胆囊炎等。

　　▲ 血液生化检查:用以判断身体内脏器官例如肝、肾、胰腺等是否功能异常。

　　▲ X 线检查:猫咪做相应的胸部、腹部、关节、骨骼检查,可以早期发现猫咪行走姿势异常的原因,看是否存在某些特定品种的先天性缺陷或退行性疾病。

　　▲ 人畜共患病检查:主要用于检查猫咪是否携带弓形虫病原体。

关于绝育

"啊呀太残忍啦！""是不是让它先做一次妈妈，体验一下生活才是完整的猫生呀？"……

针对我们要不要给猫咪做绝育的问题，一直有着极大的争论，那么到底做绝育对猫咪有什么影响？到底专家是怎么建议猫咪是否要做绝育的呢？其实给猫咪做绝育并不仅仅关系到我们所说的"人道主义"，绝育与猫咪的健康息息相关。

在说到绝育之前，我们先来聊一下猫咪发情。为什么呢？因为猫咪发情会有一系列的连锁反应，影响猫咪和人类的正常生活，没有绝育的猫咪也有可能想方设法去找另一半。猫咪的繁殖能力相当强，一胎可以生 3~5 只小猫，而且猫咪一年四季都有可能有发情阶段哦。

猫咪发情有什么表现呢?

公猫和母猫发情有些不同,母猫发情的特征相当明显。

其中有一点就是"如同婴儿般的惨叫",我们经常可以在晚上夜深人静打算入睡的时候听到窗外有撕心裂肺的嚎叫声,阴森森的,但这确实就是外面的野猫在发情咯。如果这样的情况发生在家里,可能会影响家人的正常生活。

无论是公猫还是母猫,在发情期间会控制不住自己的状态,平时爱干净的猫咪在发情期间可能会忍不住乱尿。公猫发情时会采取站立姿势,高举尾巴,并将尿液喷洒在垂直的物体上,在喷洒尿液的同时,尾部会伴有抖动的现象。这是为了让异性找到它,夜里还会号啕大叫,随时想着要出门。母猫发情时先是坐立不安,没有食欲;在主人脚下蹭来蹭去,还发出让雄猫心乱的叫声,在房间内少量排尿;边走边在地板上蹭屁股,尾巴上翘蹲坐着,弓着腰,发出低沉的叫声,摆出一副交配的姿势。另一方面,雄猫因发情母猫的气味和叫声而发情。家里的环境很可能因此遭殃。

动物不同于人类,它们的行为不受意识的控制。当它们发情的时候,满脑子可能就是找个异性交配,所以很多猫咪走失的情况都发生在它们发情期间。它们会找任何机会从窗户、门逃出去寻找另一半。家养猫咪在户外的生存能力非常差,当它们出走后很可能找不到回家的路,甚至可能由于跳下的高度太高导致更为严重的后果。

说完了发情，那么再聊聊绝育。

首先我们要知道什么是绝育？这和人类的避孕／结扎有什么区别呢？

■ 什么是绝育？

雄性：是指睾丸摘除，又称去势。

给公猫做绝育，其实就是我们俗称的把蛋蛋拿掉，去掉蛋蛋的公猫蛋蛋依然是毛绒绒的，只是没有以前鼓了，蛋壳变得空荡荡，还是很可爱的哦。给公猫做绝育手术相对来说创口很小，风险也较小。

雌性：是指卵巢及子宫摘除。

母猫绝育比较复杂，是需要"打开肚子"的，这样才能把它的卵巢及子宫彻底摘除，但因为现在宠物医学的发展，母猫绝育手术的创口也变得越来越小，风险降低很多。

■ 绝育有什么好处？

▲ 避免无限制繁殖后代。

▲ 减少打架或喷尿的行为，特别是公猫。

▲ 体内激素变少，生病的机会也减少，因此延长了平均寿命。

▲ 减少生殖系统疾病发生率及相关并发症。

▲ 使猫性格变得温顺。因为猫咪发情没有固定时间，当母猫开始发情叫唤后，公猫也会跟着发情，绝育后一年到头家里会安静很多。

▲ 减少猫为爱走天涯的概率。

绝育对雄性的好处：

▲ 可预防传染性性病、肿瘤、睾丸肿瘤、尿道感染等。

▲ 隐睾症属于遗传性疾病，早期绝育后可防止遗传和隐睾肿瘤。

绝育对雌性的好处：

▲ 可降低乳房肿瘤、生殖道肿瘤、子宫内膜炎、子宫蓄脓和卵巢肿瘤或囊肿的发病率。

母猫的乳腺肿瘤有 70%~90% 为恶性。如果在首次发情前绝育，乳腺肿瘤发生率会大幅降低。

因为猫咪发情期间的表现非常明显，有时候一次发情可持续 7~10 天，不仅影响家庭的生活，发情时候各种机体表现也会影响它的健康。所以绝育对于母猫来说更更更有必要哟!

▲ 预防子宫蓄脓

子宫蓄脓是未绝育母猫的常见病。当母猫重复出现发情周期但不配种，就很有可能发生子宫内膜增生，因此易于发生子宫蓄脓。症状主要有阴门流或不流脓性分泌物，有时带血。腹围增大，通常表现为厌食和消瘦，严重的病例有呕吐症状。目前最有效的治疗方法就是摘除整个子宫和卵巢。若是觉得对母猫绝育很残忍，那么到了必须手术时，则是对它更大的伤害。

如果有 5 岁以上的母猫还没有做绝育的，建议每年做一次相关检查，条件允许的尽快做绝育手术。

何时为猫咪做绝育最合适？

通常，雄性犬猫建议在 6 月龄至 1 岁间进行绝育手术，雌性犬猫在第一次发情期前（大约 6 月龄左右）进行绝育较为合适。即使猫咪错过最佳绝育年龄，只要医生确认猫咪身体状况允许，也可随时进行绝育手术。

在这里就必须要提醒各位家长，在给猫咪做绝育手术前，术前体检非常非常重要，千万不要怕麻烦而省去这一步哦。跟人一样，一次手术对猫来说也是一次大事件，手术时会用到麻醉药，母猫则还需要"开膛"。所以在此之前，需要确认猫咪身体的各项指标是不是符合手术的标准，以免发生一次简单的绝育手术导致严重的后果哦。

需要注意的是，选择绝育时间应避开发情期。猫的发情很频繁，在决定为猫进行绝育时，家长应注意观察猫的发情状况。

术后住院是否有必要？

为什么有些医院建议做完绝育手术的猫咪住院呢？首先，因为猫咪是一个喜欢站在高处的动物，所以无论手术的大小，在猫咪回到家中之后，它们会无意识地上蹿下跳，这就很容易对伤口造成一些损害。而养猫的各位家长白天可能都有学习、工作，无法全天照顾到猫咪。所以为解决忙碌或不善医疗照顾的家长们的困扰，一般宠物医院会提供专业的术后住院护理。每日有医师巡视，检查伤口恢复状况，配有专业的医护人员按时给绝育猫咪喂药，有效控制病情进而缩短恢复时间。

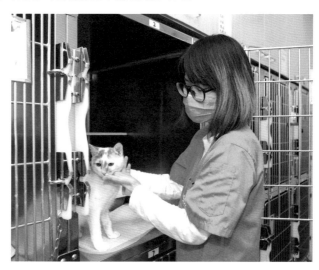

此外，适度的限制活动也能避免伤口渗血肿胀、崩线和疼痛，给术后的猫咪提供合适的伊丽莎白颈圈可以避免猫咪自我损伤（舔咬）而影响伤口的愈合。住院护理可以让猫咪和家长的生活更舒适和安心。

术后在家照顾的注意事项

在猫咪做完绝育手术回家之后，家长要密切注意它的护理哦。

▲ 保持伤口干燥清洁，注意伤口有无出血情况。

▲ 请遵医嘱服服用消炎药物，清理伤口和上药。

▲ 术后一周均应避免剧烈运动，因为过多的运动会造成伤口裂开、液体堆积及肿胀。

▲ 带上伊丽莎白颈圈。

▲ 术后 7~10 天可拆线（免拆线除外）或遵医嘱，拆完线后至少 3~5 天方可洗澡。

▲ 绝育后猫咪应注意饮食，增加运动量。

除此之外，千万不要以为做完绝育手术就万事大吉啦。绝育之后，猫咪会因为激素改变，食欲提高，活动减少，而日渐长胖。而且，根据调查显示，有些绝育后的猫还容易产生泌尿疾病。

为了预防肥胖和泌尿道问题，建议饲喂专为绝育后猫咪设计的专业粮食。如比瑞吉绝育期猫粮，添加燕麦，使用高蛋白质低脂肪配方，帮助预防肥胖产生。同时粮食使用酸化尿液技术，帮助预防猫泌尿道问题，呵护绝育后猫咪的健康。

此外，为了猫咪的健康，应定期体检。

关于洁牙

　　对于猫咪的牙齿护理，不仅有刷牙这一项哦，特别爱吃的猫咪和饮食习惯比较复杂的猫咪，还需要根据不同的牙齿健康特点进行洁牙。

　　■ 猫咪为什么需要洁牙？

　　和人一样，猫也需要关注口腔保健并定期进行牙科检查。长期不为猫清洁牙齿，口腔中的细菌、皮屑、食物残渣等，便会积累形成牙菌斑，进而产生牙垢，并逐步演变成坚硬的牙结石。牙结石堆积不仅会压迫牙龈，导致牙龈肿胀出血、牙齿松动、牙龈萎缩等一系列口腔问题，更有可能导致猫咪罹患肾病、心脏疾病等大病。因此，日常口腔护理与洁牙关乎猫咪身体健康，家长一定不可忽视。

　　■ 猫咪日常洁牙的方式有哪些？

　　▲ 食用洁牙零食：依靠猫充分咀嚼洁牙零食来去除口腔内的脏东西，主要是通过叶绿素、海藻等成分来减缓牙菌斑积累增长的速度。

　　▲ 使用猫咪专用牙膏刷牙：猫专用牙膏的有效成分为复合酶，能够分解口腔残渣，减慢牙菌斑增殖，而且牙膏中不含氟、碳酸钙等研磨剂，对猫咪是安全的。

　　▲ 洁牙 SPA（无麻洗牙）：无麻洗牙一般需要持续 1 小时，在问题比较严重的情况下可能需要持续 3 小时。有些过于活泼、胆子小、不好控制的猫咪很难帮它们做洁牙 SPA。

　　▲ 超声波洗牙（麻醉洗牙）：主要是用震动的方式去除牙结石，可以有效清除牙齿表面的牙结石。超声波洗牙必须由专业医生操作，避免因操作不当损伤

　　▲ 通常，如果猫咪的牙齿有较严重的牙龈问题，那么我们建议用以下步骤进行口腔护理：做一次超声波洗牙 → 定期洁牙 SPA → 日常刷牙护理

牙釉质。建议猫咪在绝育的同时做此项洗牙，可以省去一次麻醉。

🔳 猫咪牙齿不注意护理会有什么后果？

牙齿脱落、胃溃疡、心脏病、肾病、肝病……

▲ 形成牙结石，牙结石一旦形成会不断积累增加。

▲ 牙龈会因为牙结石和牙菌斑而发生炎症反应。

▲ 牙结石的增多导致牙齿松动，甚至脱落。

▲ 细菌在损害牙周组织的时候会通过血液循环进入全身，侵袭猫咪内脏器官。

之前有提到，有很多猫咪到了老年阶段会产生牙结石、口炎等牙齿方面的问题，这些问题不仅仅会对猫咪的口腔造成损害，对它们的进食情况有影响，牙龈的问题同时也会造成各种其他内科问题。这些小问题日积月累各种病症便有可能会接踵而来。所以对牙齿疾病的预防非常有必要哦。

🔳 为什么建议选择超声波洗牙？

▲ 超声波洗牙可以有效预防牙龈炎和牙周炎的发生。

▲ 超声波洗牙能够除污去垢，促进牙龈血液循环，使口腔保持清爽，还可以通过内外按摩牙齿起到保健的作用。

▲ 超声波洗牙对牙釉质的损伤极小，可以忽略不计。

▲ 超声波洗牙需要在宠物医院内进行，医生的专业操作可以减少或避免猫咪受到伤害。

猫病学初识

呕吐

猫咪呕吐了怎么办？当第一次养猫的你发现猫咪呕吐了，会非常恐慌，这时需要区分不同情况的呕吐，呕吐有以下几种情况：

▲ 吃得太多太急。有时候给猫一些它们喜欢的食物，它们总会禁不住疯狂吞食，当有很多个猫咪抢食的时候更是如此，它们会因为争抢而吃得太快，造成肠胃的不适。通常这种呕吐会发生在进食后不久。建议可以给猫分少量多次饲喂或者给予慢食盆，慢慢地进食，来改善它们吃太急的坏习惯哦。

▲ 吐毛球。猫长到了一定的年纪之后会开始掉毛，一年四季都会掉毛，在季节更替的时候尤为厉害，猫又是特别爱干净的动物，它们会经常打理自己的毛发，而为了剔除骨头上的肉末，猫的舌头上长有倒刺。这些倒刺会在打理的过程中把自己的毛一起舔进肚子里。毛进到肚子里之后通常由于不消化，会结成团，最后通过呕吐的方式再排出。当猫咪发生这种情况，我们可以不需要过于担心，平时多给猫咪梳理毛发，借助外力帮助它们清理多余的毛发，可以减少吐毛的次数。如果情况还没有好转，也可以给猫咪吃化毛膏通过排便的方式清理。建议饲喂专为猫咪设计的排毛球的粮食，

如比瑞吉毛球全价成猫粮，添加粗纤维丰富的芹菜，促进肠道蠕动，帮助毛球排出。

▲ 身体不适、肠胃不适。如果猫咪呕吐频繁，且呕吐出来的都是比较稀的水状物，那就需要留意一下它们的身体情况咯。频繁呕吐很容易造成脱水，这对于猫咪来说是很危险的，需要及时补充水分。有些猫咪的肠胃敏感，吃了不合适的猫粮之后引起的不适也会造成呕吐。此时就需要带猫咪去就医啦，有必要的话还可以把呕吐物的照片和情况记录下来与医生汇报哦。不同的情况都会有不同的处理方式。

最后也可以通过猫咪呕吐后是不是还愿意进食，是不是还是活力十足来判断猫咪是不是有身体上的不适，如果猫咪呕吐后精神不佳、食欲减退，也不怎么愿意动了，那一定是由疾病造成的，此时就更需要带猫咪就诊哦。当然，如果精神尚佳，也需要持续观察，如有恶化，及时就诊。

黑下巴

　　观察仔细的猫友有时候会发现自己猫咪的下巴上有很大一块黑色的点，有黑色块沉淀的地方毛发也变得稀疏了，洗也洗不干净，非常影响猫咪的"美观"。那为什么会发生"黑下巴"的情况呢？

　　其实猫的黑下巴就跟人的"黑头"差不多，这是猫咪的毛囊炎。会引起黑下巴的原因有以下几种：

　　▲　猫咪的内分泌失调。猫咪在达到性成熟的年龄后，身体内的性激素如果分泌过于旺盛的话，就会造成内分泌失调，表现在皮肤上的反应就是毛囊炎。

　　▲　食用油性大的食物。有时候我们为猫换粮之后它就出现了黑下巴的情况，那么很有可能是这款猫粮的油性过大引起的，如果猫咪不适应的话，要考虑重新调整它们的饮食结构哦。

▲ 食物过敏或接触过敏。有些猫咪会对空气清新剂、化妆品、洗涤剂等过敏，过敏引起猫咪不断抓挠皮肤，严重的话会破坏皮肤表层，进而引起感染。

如果发现猫咪出现了黑下巴，在起初不是非常严重的时候，可以帮助它们用水温柔地清理干净，并且找出原因，或调整饮食或者绝育等。如果黑下巴已经非常严重，下巴部分已经基本不长毛了，可以咨询医生的建议。

眼泪、眼屎

细心的我们经常会发现，猫咪会有眼泪或者眼屎，特别是加菲等扁脸猫品种，整天都是泪眼汪汪的样子，那它们天生就是这样的吗？猫咪流眼泪、有眼屎是不是象征了什么症状呢？

▲ 眼睛的分泌物。就跟人刚刚睡醒一样，刚刚睡醒的猫咪也会有眼屎或眼泪分泌出来，这是比较正常的表现，如果每次的量不多，只在眼角的位置有一些，那我们可以用浸湿后的纸巾轻轻帮它们擦拭掉，不必过于担心。

▲ 可能是疾病的征兆。有时候我们会发现猫咪的眼睛会被眼泪或者眼屎糊住，导致眼睛睁不开，一只大一只小，眼睛红红的，看起来就已经很不舒服了。这种情况下，猫咪可能是有以下的问题哦。

第一种，可能是眼睛本身疾病。可能是眼睛感染有炎症产生，它们会经常用手去擦眼睛，和我们用手揉眼睛一样，这样很容易加大传染炎症的范围。那么我们可以用之前的方式将它们的眼睛擦干净后，再在眼圈周围抹上少许消炎的药膏（金霉素眼药膏也可）帮助消炎，用不了多久就会恢复。也可能是泪腺窄小或闭锁，需要及时就诊，使用相应的药物治疗。食用过多高油高蛋白的食物，可能会导致泪痕加重，我们也可以尝试帮它们调整饮食结构，缓解泪痕。

第二种，可能是其他疾病的征兆，特别是猫咪还小的时候，常见的体内会有一些传染病毒，如衣原体、疱疹和杯状病毒，很可能会在面部表现出眼睛被眼泪或眼屎糊住，完全睁不开的样子，这个时候我们就需要特别注意了，需要尽早带它们去医院就诊，查出病因在哪里。因为小猫对疾病的抵抗力不如大猫强，所以有病需要尽快治疗，饲喂专业的粮食，提供足够的营养和能量，提高自身免疫力。

食欲不振

导致猫咪食欲不振的原因有很多种，根据实际情况来分析，主要有以下几种：

▲ 采食偏好。如果恰好已经给猫咪换过了粮食，而猫咪对新的粮食毫无反应，那么只能说这款猫粮真的不适合你家的猫咪哦。如果打开一个它们喜欢吃的罐头，可以引起它们的兴趣，那么可能你需要再调整猫咪的饮食结构咯。

▲ 肠胃问题。如果你没有换过食物，而猫咪只是单纯的不想吃东西，也有可能你的猫咪存在胃肠道问题，需要慢慢通过一些益生菌去调理，也需要再调整猫咪的饮食结构，吃一些更适合它们的食物。

▲ 毛球症。就像之前提到过的，猫咪喜欢舔毛，从而容易把毛吃进肚子里，当猫咪肚子里的毛积攒得多了之后，可能会引发呕吐，它们通过呕吐把毛排出体外。那么如果吃下的毛过多，情况严重的，也会导

网红猫 花布

致猫咪便秘和食欲不振的问题。我们可以适当给猫咪喂食一些化毛膏，看猫咪之后是否会在排便中将毛球排出。猫咪进入脱毛期之后，更是要勤快地帮它们梳理毛发哦。

▲　体内寄生虫。一般猫咪需要每月进行体内外驱虫，就算不出门的猫咪也会因为主人从外界回家时沾染在衣物上的不干净元素而感染到寄生虫。因为猫咪会非常喜欢闻、甚至舔你从外面带回来的新的"气味"，看看你是不是在外面有其他的猫了，就可能会把虫吃进肚子里。如果猫咪有了体内寄生虫，那么就可能会导致它们食欲不振、消瘦，拉肚子或者呕吐，所以给猫咪定期驱虫非常重要哦。

无论是什么原因引起的猫咪食欲不振，如果情况严重，自己无法找到原因，还是建议将猫咪带到医院请医生做全面的检查哦，猫咪行为上的变化都有可能是疾病的前兆。

大便异常

　　正常情况下猫咪每天都会拉一次屎和很多次的尿，所以铲屎官每天都是很辛苦的哦。作为铲屎官，我们需要对"猫屎"有一定的认知，因为猫咪身体上的不适无法一眼辨认，所以可以从它们的大便的成型上判断它近期的身体状况。

　　▲　猫咪正常的大便是什么样的呢？猫咪因为不经常主动饮水，所以正常时候的大便会比较干比较硬，长条形或者一粒粒的。猫咪在猫砂盆里拉完后通常会把屎埋起来，我们铲屎的时候，正常的便便是非常好铲的哦。

　　▲　拉软便。当猫咪吃了不太适应的食物，有细菌性肠炎，可能会拉这样的便便。表示它们的肠胃有些异常，如果换了粮食之后猫咪一直拉软便，没有好转的迹象，那么可能是换粮太急，没有逐步用新粮代替旧粮，产生不适，或者是新的猫粮不太适

合你的猫咪哦。另外，气温的大幅度转变，也有可能导致猫咪的身体不适应，暂时性软便或者拉肚子。我们可以在给猫咪喂食的时候往里面添加一些益生菌，促进有益菌生长，调节肠道。

▲　大便中有血液或者黏液。当猫咪大便之后，大便的带有血液或者黏液的时候，可能是它们的胃肠道有一些问题。可以根据便便的颜色和便中带血的部分，初步推断哪部分出现了问题。如果是黑色的便便，可能是胃或是小肠问题，如果是大便中混合或表面带有新鲜血液，则很有可能是大肠问题。它平时可能不会表现出什么不适，但这个时候最好到医院做全面的检查，才能让主人真正的放心下来。

▲　寄生虫，如蛔虫。跟人一样，猫咪也是可能会感染到蛔虫的，且蛔虫的形状与人体的一样。得了蛔虫的猫咪在大便的时候也可能把虫拉出来。如果发现了这样的情况，记得要给猫咪吃体内驱虫药，并定期（最好是每个月）用驱虫药。蛔虫也会影响猫的消化，可能导致消瘦、消化不良等问题。

▲　便秘。如果你的猫咪 3 天以上没有排便，那么它可能是便秘了哦。猫咪便秘可能会在体内积攒大量的粪便，对它们的肠胃影响很大。平时需要注意多给它们喝水，流动的水对猫咪来说更有吸引力。喝水的地方要多，家中多个地方放多个饮水盆，水盆最好要大过猫咪两边胡子的宽度，防止胡子碰到水盆边。也可以种一些猫草给猫咪食用，帮助肠道蠕动，帮助粪便排出。

在铲屎的同时观察便便的变化，是我们作为铲屎官的必修课之一哦。

正常便便

软便便

拉稀

皮肤疾病

　　猫咪既然有厚厚的毛，那么有什么皮肤上的问题我们可以察觉的呢？其实当它们的皮肤产生了问题的时候，我们能看到的就不是顺顺滑滑光光亮亮的毛了。这不仅影响了猫咪的外表美观，而且有些皮肤类的问题是会与人互相传染的，所以我们要特别注意。

▲ 黑下巴。黑下巴是猫咪常见的皮肤问题之一，注意事项前面已经说过，就不再重复啦。值得注意的是，猫咪的尾巴部分也可能会和下巴一样发生这样的情况，处理方式也是相同的哦。

▲ 种马尾。本来一条干干净净的尾巴如果有毛一簇一簇地粘在了一起，并且有"秃毛"的情况出现，那它可能就是有了种马尾的症状哦。因为猫咪会用尾部分泌油脂来标记气味和地盘，但如果这些油脂分泌过多，就可能会造成这样的情况。有了这个问题，猫因为这块皮肤的暴露和瘙痒，会经常去舔，就可能会感染得更加严重。特别是没有绝育的公猫，经常会遇到这样的情况。如果有这样的情况，可以带它去医院做皮肤检测，对症下药。

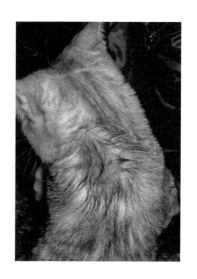

▲ 猫癣。这个也是非常常见的猫咪皮肤病，而且要特别注意，因为猫癣是会传染给人的。猫癣一般会生长在头部、脸部和脚上，由于猫癣的扩散极快，没有进行防治的话，会很快传播至全身，还会发生脱毛的状况。得了猫癣之后，记得赶快带猫咪去医院，根据医生的指导进行治疗哦。会得猫癣的猫咪一般体质较差，通常是因为家里环境潮湿或是很少能晒到太阳。送猫咪去就医之后，需要把猫咪经常待的地方进行全面消毒，特别是垫子等地方，以免再次感染。猫癣不是一时半会儿可以痊愈的哦，需要有耐心，一次一次给它们用药、泡澡，长期下来不但猫癣会治愈，之前脱毛的地方也会慢慢长出毛来，恢复它们的美貌哦。

猫咪的基本生理指标

▲ 猫的正常生理指标：

体温：摄氏 39 度（37.8~39.5℃）

呼吸次数：25 次 / 分（16~30 次）

心跳：140~240 次 / 分（幼猫）

120~200 次 / 分（成猫）

最适环境温度：18-21 度（15~25℃）

最适环境湿度：50%（45%~55%）

量体温

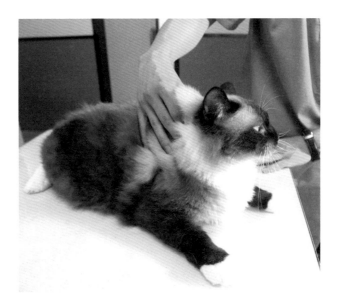

▲　如何测量猫的体温？

在家里，可以使用这种方法：把温度计夹在猫的后腿和腹部之间，夹紧，五分钟后读数增加 0.5℃ 即可。但这个方法所测得的体温不是很准确。

精确的测量猫咪体温方式，还是需要用专业的温度计，把温度甩到 35℃ 以下，在温度计上涂一些凡士林或者红霉素软膏。轻轻提起猫的尾巴，把温度计插入肛门，大约 5 厘米左右,3~5 分钟即可。记得要固定好猫咪不要让它来回摆动以免发生意外哦。

▲　怎样测量猫的脉搏？

在猫猫后腿内侧把脉，计算每分钟跳动的次数，猫咪的脉搏和心跳数应该是一样的哦。

另外，在猫猫前肘下的肋骨部分，可以摸到心跳。

▲　怎么看猫的呼吸次数？

其实，猫咪的肚子起伏是呼吸造成的，我们一般需要观察猫咪在休息平静时的呼吸次数，正常为 16~24 次 / 分。

当我们发现猫有一些异常情况的时候，不妨多测试几个指标，如果不是在应激状态下，多个指标都偏离正常值的话，需要尽快带它去宠物医院就诊。

家里的药箱可以与猫共用吗？

当猫咪发生一些小情况时，我们会尝试自己去帮助治疗，"人用的药只需要减量就可以给猫用了嘛"，其实这样的行为是非常危险的，因为有些人用药的成分对猫咪是"毒药"。

▓ 感冒药

对乙酰氨基酚：

▲ 大部分感冒药成分都含有对乙酰氨基酚

▲ 安全范围窄，容易发生药物剂量过大

▲ 猫因缺乏代谢对乙酰氨基酚的葡萄糖醛酸基转移酶，因此禁用

▓ 退烧药

▲ 美林（布洛芬）副作用大

▲ 氨基比林 副作用大

▲ 安乃近强烈不建议给猫使用（注射液为 0.1mg/kg 静脉或肌肉）

▲ 强烈不建议主人自行给猫咪使用退烧药！

▓ 止吐药

▲ 吗丁啉：强力止吐剂，每次 2~4mg（约 1/5 粒），一日两次禁忌：肠道穿孔和阻塞禁用

猫本身比较容易呕吐，是一种自我保护，常规情况下不建议使用药物。

什么情况需要就医？

之前有多次提到猫咪是非常不愿意暴露缺点的，所以除了每年的体检，我们还要观察猫咪有哪些异常的行为，以便及时就医。

>> 呼吸急促，心跳加快：如果猫咪的呼吸频率变得非常快，并且开始用嘴巴呼吸，说明此时它的情况已经很严重了，不要再犹豫了，赶紧去医院吧。

>> 尿不出，有血尿：泌尿方面的问题是猫咪的常见问题，但当猫咪开始尿不出来，甚至尿出血来的时候，已经是很严重的泌尿疾病了，较严重的猫咪会有生命危险，需要带去医院哦。

>> 饮食不正常，低声发出叫声：平时的小馋猫突然对吃的没有兴趣了，就算拿了它爱吃的罐头都是爱理不理，那么你的猫咪此时应该非常难受哦，赶紧去医院看看有什么问题吧。

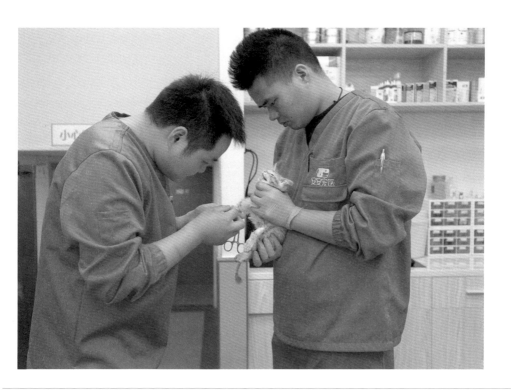

长时间嗜睡，不愿走动：猫咪一般一天睡16个小时，其他时间会醒来巡视它的领地，和你做一些互动，如果你的猫咪变得很懒，特别是青少年时期的小猫，这个时候就需要注意它的健康问题咯。

长时间拉稀、呕吐：虽然更换粮食、掉毛、季节变化等原因都会引起猫生理上的一些变化，但如果情况持续不断且一天内多次发生，问题就没有那么简单了哦。

大声不耐烦地连续叫：猫咪无法诉说自己的痛苦，所以它的疼痛、难受会通过呼叫你来传递，猫咪本是非常平静的动物，当它开始变得心情不安的时候，你需要多关心一下它发生了什么，是否需要就诊了。

骨折：喜欢上天入地的猫咪动作虽然矫健，但偶尔也会失手，当我们发现猫在行动上发生异常，应该及时送医检查治疗。从高处坠落的猫咪，除了骨折，还有可能内脏受损。

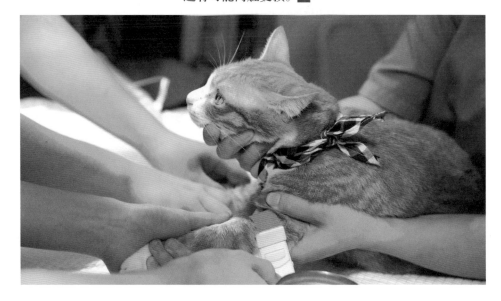

如何与宠物医生沟通？

　　宠物不会说话，看病时，主人就是它们的代言人。那么我们应该传递一些什么信息给医生，才能让医生更了解病情，做出正确诊断呢？

　　▲ 用手机记录下猫咪的呕吐物或者便便的样子，给医生判断是哪种情况。

　　▲ 记录下猫咪上一次疫苗和驱虫的时间。

　　▲ 告诉医生猫咪的饮食习惯和饮水习惯。

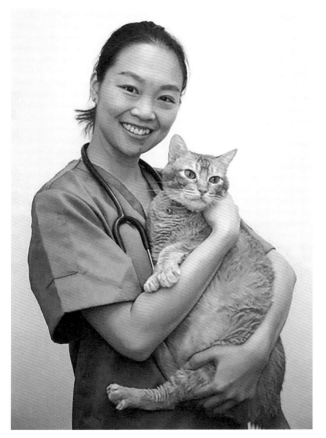

编委名单

统筹

安安宠医·市场总监＆运营总监 顾颖

安安宠医·市场部 汪源

安安宠医·市场部 龚天一

侯加法

特别顾问

安安宠医·医疗技术委员会首席专家 侯加法

国内著名小动物外科学专家

南京农业大学教授、博士研究生导师

中国畜牧兽医学会常务理事

中国畜牧兽医学会兽医外科学分会理事长

亚洲兽医外科学会副理事长

农业部第四届、第五届兽药评审专家

国家留学回国人员启动基金评审专家

农业部执业兽医资格考试命题专家

特别顾问

安安宠医·医疗技术委员会委员／上海岛戈宠
物医院院长　徐国兴
现任上海市宠物业行业协会副会长
中国兽医协会宠物诊疗分会常务理事
现任《宠物兽医》在内的多家杂志主编

特别顾问

安安宠医·医疗技术委员会委员／杭州派希德
宠物医院院长　裴增杨
中国农业大学临床兽医学博士
浙江大学兽医外科学硕士生导师

特别顾问

安安宠医·医疗技术委员会委员／上海易谦宠
物诊所院长　蔡亮
第二届中国兽医协会宠物诊疗分会理事
2015年度全国百佳兽医师

安安宠医

上海鹏峰宠物医院院长　苏恒斌

上海鹏峰宠物医院猫诊所院长　李叶

上海御宠佳园分院 / 上海国文分院 院长　王赟伟

上海翌景宠物诊所院长　张英

上海心安宠物诊所院长　王琦

上海心安宠物诊所医生　张睿涵

苏州姑苏区总院长　卢学青

安迪宠物医院院长　李洪波

安迪宠物医院医生　陈淑明

安迪宠物医院医生　潘文杰

安迪宠物医院高级医助　林思婷

安迪宠物医院高级医助　钟文彬

特邀资深宠主　刘步猫（刘步雄）

特邀中级兽医师　夏思敏

特别支持（按姓氏笔画排序）

郭启忠 姜忠华 赖孔继 李开江 李文 刘梅 罗兆益

孟月盛 潘星星 钱小亮 屈小平 沈建华 孙传国

文海桃 吴天顺 叶德平 俞士军 袁焕新 张月涛

郑燊 郑志农 钟泽 周增平 朱虎 朱卫华

持以下体验券,即可至门店免费体检一次哦~

安安宠医

全国8省200余家门店等您体验

因为严谨 ❤ 所以安心

使用细则：

1. 适用范围：详情拨打客服热线；
2. 请您提前一天预约；
3. 每次消费最多可用一张，不兑换，不找零；
4. 需当日一次性体验完毕所有项目；
5. 不与其他优惠同享；

温馨提示：

- 不适用于情况：烈性或具有攻击性的宠物，患有传染性疾病的宠物以及医生判断不适宜进行体检的宠物；
- 请在购买前确保宠物已注射过相关防疫疫苗及没有传染性疾病；

欢迎关注安安宠医

安安宠医 | 📞 400-601-2291 | www.ananpet.com | 活动：

查看可参与门店